高等学校应用型本科"十三五"规划教材（计算机类）

C 语言实验与课程设计指导
（第 2 版）

主　编　杨　旗
副主编　王　瑛　韩　辉
　　　　李丽丽　段立娜

U0285212

哈尔滨工程大学出版社
Harbin Engineering University Press

内 容 简 介

本书以 Visual C++6.0 英文版为平台,内容分为三个部分:第一部分介绍了 C 语言程序在 Visual C++6.0 环境下的上机步骤;第二部分提供了 5 类上机实验,涵盖了 C 语言的核心知识点,每类实验包含 3 个小实验,为每一次上机实验所使用;第三部分为课程设计实例,提供了 10 个课程设计题目,每个题目用基于 Win32 控制台的 C 语言应用程序进行了步骤详解,并提供了每类程序的完整代码。本版在第一版的基础上对内容进行了修订和细化。通过对本书的上机实验及课程设计内容的学习,学生可逐步了解 C 语言的设计及开发。

本书可作为普通高等院校、高职高专、软件职业技术学院等各类学校相关课程的教材,也可供 Visual C++6.0 的各类培训和开发应用程序的读者学习和参考,亦可为 C 语言初学者和 C 语言程序设计者提供帮助。

图书在版编目(CIP)数据

C 语言实验与课程设计指导/杨旗主编. —2 版. —

哈尔滨:哈尔滨工程大学出版社,2019.11(2022.7 重印)

ISBN 978 - 7 - 5661 - 2514 - 9

Ⅰ.①C… Ⅱ.①杨… Ⅲ.②C 语言—程序设计—高等

学校—教学参考资料 Ⅳ.①TP312.8

中国版本图书馆 CIP 数据核字(2019)第 223906 号

选题策划 夏飞洋
责任编辑 夏飞洋
封面设计 李海波

出版发行	哈尔滨工程大学出版社
社 址	哈尔滨市南岗区南通大街 145 号
邮政编码	150001
发行电话	0451 - 82519328
传 真	0451 - 82519699
经 销	新华书店
印 刷	北京中石油彩色印刷有限责任公司
开 本	787 mm × 1 092 mm 1/16
印 张	11.25
字 数	280 千字
版 次	2019 年 11 月第 2 版
印 次	2022 年 7 月第 2 次印刷
定 价	30.00 元

http://www.hrbeupress.com
E-mail:heupress@ hrbeu.edu.cn

前　言

C 语言是国内外广泛使用的一种计算机语言。C 语言功能丰富,表达能力强,使用灵活方便,应用面广,目标程序效率高,可移植性好,既具有高级语言的优点,又具有低级语言的特点。C 语言的广泛应用及其包含的基本程序设计需要理解的主要机制,使其成为计算机专业的入门语言,同时也是工科院校学生的首选计算机语言。

本书以实验、实例为基础,结合编著近些年的教学及实例开发的经验,以当前流行的 Visual C++6.0 英文版作为 C 语言编译器进行实验及实例讲解,同时安装了 SP6 补丁包,在课程设计实例中安装了 graphics 图形函数库和编程助手 Visual Assist X。本书的实验及实例涵盖了 C 语言的基础知识,并把这些基础知识有机地连接在一起,详略结合,重点突出,既汲取了现有教材中的合理内容,又有所创新。为方便广大读者学习,本书全面、系统地介绍了 Visual C++6.0 的上机步骤和实验内容,并通过实例介绍了如何使用 Visual C++6.0 开发 Win32 控制台的 C 语言应用程序。力求让读者通过对本书的学习,在最短时间内达到实际应用的水平。

本书的特点如下:

(1)开发的环境、步骤详尽。本书详细介绍了 Visual C++6.0 C++ 开发环境,以及基于 Win32 控制台的 C 语言应用程序的上机步骤和程序调试方法。

(2)实验内容贴切。根据 C 语言的知识点,本书提供了 5 类上机实验,每类实验包含 3 个小实验,为每一次上机实验所使用;涵盖了 C 语言的核心知识点,学生可对讲述的知识点进行及时复习;给出了详细的操作步骤,学生按步骤操作即可对知识点进行巩固和提高。

(3)案例精讲,深入剖析。本书对几乎所有知识点都附有实例,共列举了 10 个实例,每个题目用基于 Win32 控制台的 C 语言应用程序进行步骤详解,提供每类程序的完整代码。读者按步骤操作即可对本章知识点进行巩固和提高。读者可以通过案例精讲和深入剖析真正掌握系统开发的精髓。

本书第 1 章、第 3 章的实例 6 和实例 7 由段立娜编写(约 50 千字);第 2 章由王瑛编写(约 55 千字);第 3 章的实例 1 至实例 5 由李丽丽编写(约 110 千字);第 3 章的实例 8 至实例 10 由杨旗编写(约 65 千字)。全书由韩辉负责校对,杨旗负责统编和定稿。

本书广泛吸取了同类书籍的长处,参考和借鉴了公开的代码,在此,谨向相关书籍、网络代码文献的作者表示衷心的感谢! 同时由于时间仓促,加之编者水平有限,书中难免存在错误之处,敬请广大读者批评指正!

编　者

2019 年 2 月

目　　录

第 1 章　Visual C ++ 6.0 开发环境

本书以 Visual C ++6.0 作为 C 语言源程序的开发环境。本章首先介绍 Visual C ++6.0 的安装及启动,之后详细介绍基于 Win32 控制台的 C 语言应用程序开发。

1.1　Visual C ++6.0 的安装与启动

如果计算机上未安装 Visual C ++6.0,则可以根据安装向导直接安装,具体步骤此处不再详述。安装 Visual C ++6.0 后,强烈建议安装 SP6 补丁包(此补丁包更新了早期版本中的 bug)及 MSDN,以便日后需要时使用。同时建议安装便于编辑代码且具有纠错及编程向导提示功能的 Visual Assist X。大多数安装包是虚拟光驱文件,因此安装安装包前首先需要安装虚拟光驱软件。

Visual C ++6.0 安装成功后,桌面会出现如图 1.1 所示的图标,启动时可双击桌面图标或单击"开始"→"程序"→"Microsoft Visual Studio 6.0"→"Microsoft Visual C ++ 6.0"启动 Visual C ++6.0 的集成开发环境。正常启动开发环境后,可以看到如图 1.2 所示的主窗口操作界面。

图 1.1

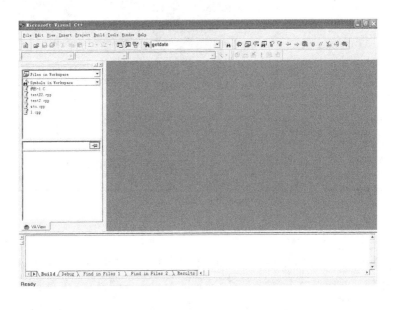

图 1.2

在 Visual C ++6.0 环境下建立的 C 语言应用程序种类很多,其中较为简单的是基于 Win32 控制台的 C 语言应用程序。下面介绍这类应用程序的上机步骤。

1.2 基于 Win32 控制台的 C 语言应用程序

基于 Win32 控制台的 C 语言应用程序，是建立在 32 位及以上 Windows 系统的基础上运行的程序，同时提供 DOS 平台。此类应用程序的特点是大都采用 C 语言语法规则编写，对 C++ 及其界面应用较少，适合 C 语言初学者使用。

1.2.1 编辑一个 C 语言程序

在编辑 C 语言程序前，首先要新建一个程序或者打开一个现有的程序。本节介绍如何新建一个程序并在此基础上进行编辑。

1. 建立一个工程

在 Visual C++6.0 的集成开发环境下，单击"File"（文件）菜单项，然后选择其子菜单项"New"（新建），如图 1.3 所示。

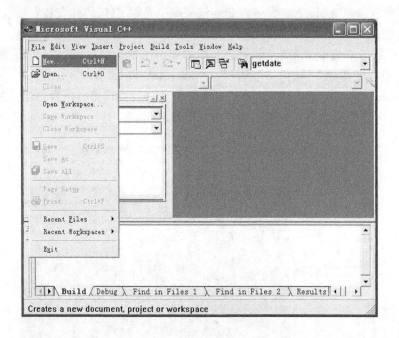

图 1.3

屏幕上会弹出"New"（新建）对话框，如图 1.4 所示。单击对话框上方的"Projects"（工程）选项卡，在其下方列表中选择"Win32 Console Application"选项，在右侧的"Project name"（工程名）文本框中输入工程名，在"Location"（目录）文本框中输入工程文件存放的目录，然后单击"OK"按钮。

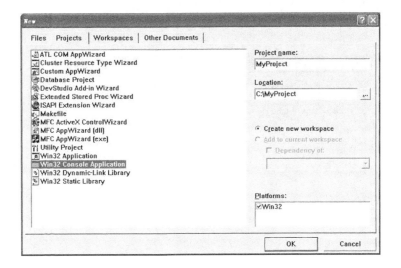

图1.4

单击"OK"按钮后,会弹出如图 1.5 所示的界面,为了方便编程,选择"A simple application"选项,之后单击"Finish"按钮。

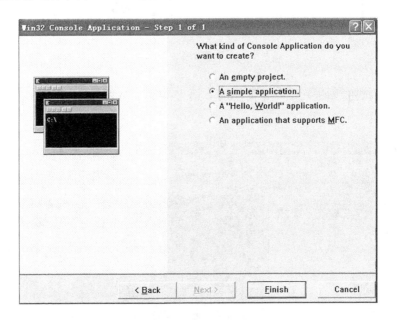

图1.5

单击"Finish"按钮,会弹出如图1.6所示的界面,界面中包含了建立的工程文件的头文件及路径等信息。

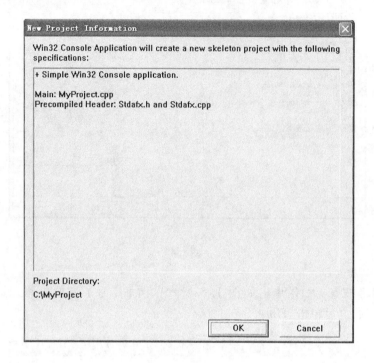

图1.6

单击"OK"按钮,则进入了一个简单的 C 语言 Win32 控制台程序的集成开发界面,如图1.7所示。

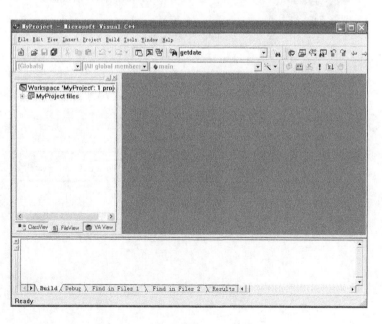

图1.7

左侧窗口为工程管理窗口,通过点击"＋"可打开工程的文件目录列表,工程的很多操作都需要通过此窗口进行。通过双击列表中的文件名,可在中央的编辑窗口中打开该文件,如图1.8所示。

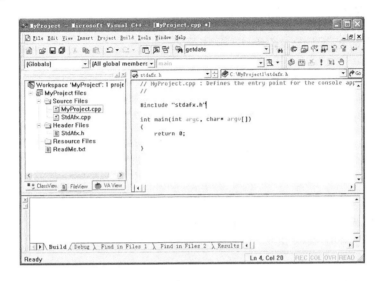

图 1.8

C 语言 Win32 控制台程序的集成开发界面主要包含三个窗口,即工程管理窗口(进行文件及工程管理)、代码编辑窗口(进行代码的编辑)和调试窗口(进行代码的调试)。至此,工程建立已完成,可以在代码编辑窗口进行代码的输入及后期的调试和运行。

2. 工程的保存

Visual C ++6.0 的集成开发环境下的 C 语言程序是多文件的集合,可以通过工程来管理多个文件。保存时可以单击多个文件同时保存,快捷按钮如图1.9所示,保存在建立时以工程名为目录的指定路径下面,如图1.10所示。

图 1.9

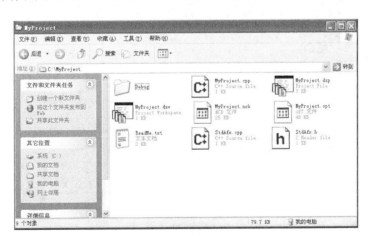

图 1.10

3.打开已经保存的工程

工程通过以".dsw"为后缀的文件进行统一管理,打开时需要双击以".dsw"为后缀的文件,这样整个工程中的所有文件会自动地加载到 Visual C ++6.0 的集成开发环境中。例如,在图1.10 中的"MyProject"目录下双击"MyProject.dsw"文件,加载后的界面如图1.8 所示。

1.2.2　C 语言程序的编译、链接和运行

1. C 语言程序的编译

编译是把我们编写的代码进行语法检查,如果无误,则翻译成计算机可以识别的二进制代码,生成以".obj"为后缀的目标文件。编译指令通过菜单按钮"Build"→"Compile MyProject.cpp"执行,如图1.11 所示。编译的结果会显示在调试窗口中,如图1.12 所示。

如果存在语法错误,则可以通过双击调试窗口中的错误提示来定位代码中错误的位置。例如,把代码区中的"return 0 ;"的";"去掉,则提示错误及错误定位如图1.13所示。

这里的错误分为"error"和"warning"两类。其中"error"是致命错误,说明编写的代码中有不符合 C 语言语法规范的地方,需要改正后程序才可以继续执行;而"warning"则是一种警告,只是提示用户编写的代码可能有不合理的地方,但并不影响程序的执行。建议对这两类错误都进行修改。

图1.11

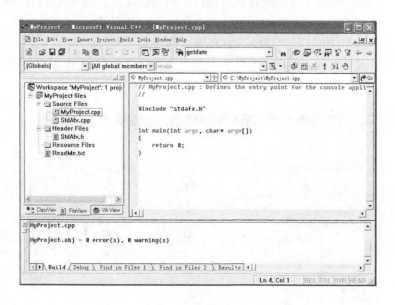

图1.12

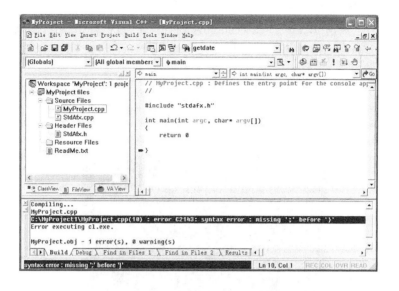

图 1.13

2. C 语言程序的链接

C 语言程序经过编译后没有错误,则生成以".obj"为后缀的目标文件,该文件虽然是计算机可以识别的二进制文件,但还是缺少了一些库文件的支撑,因而需要把一些库文件加载到目标文件中,这个过程称为链接。链接之后就会生成以工程名及".exe"为后缀的可执行文件。在 Visual C ++ 6.0 的集成开发环境下选择菜单指令,单击"Build"→"Build MyProject.exe",可将对源程序进行的编译和链接一起执行。同时,链接的状态会显示在调试窗口中,如图 1.14 所示。

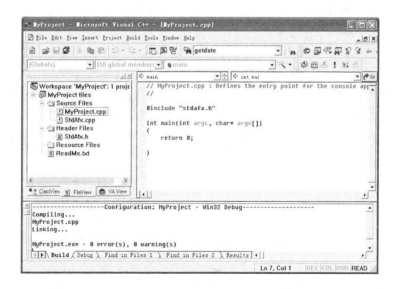

图 1.14

3．C语言程序的运行

选择菜单指令，单击"Build"→"Execute MyProject.exe"执行程序。此外，也可以通过单击快捷工具条中的 ❗ 或使用快捷键"Ctrl + F5"执行程序。程序执行时，会出现一个 DOS 窗口显示程序的结果。例如，添加代码"printf（'hello!\n'）;"及头文件"#include < stdio. h >"，则显示如图 1.15 所示的结果。

图 1.15

1.2.3　Visual C ++ 6.0 程序的调试

调试是为了发现程序的错误，既包括语法错误，也包括算法错误。其中，语法错误可以在错误提示中找到，易于修改；算法错误不易察觉，程序可运行，但是达不到预计的结果。因此，需要在程序运行期间时刻关注数据的流向或每个时刻的变量的值。调试的过程分为两步，即设置断点和调试运行。

1.设置断点

若程序运行到某一行代码就暂停等待继续执行，这个暂停的点称为断点。当调试程序的时候，如果能确定错误的大致位置，就可以在相应代码处设置断点来观察相应变量或数据的值是否正确；如果不能确定错误的大概位置，就只能根据数据的流向，一段一段地设置断点。设置断点时，可单击快捷工具条中的 🖐，然后在代码左侧就会出现红色的圆形标记，如图 1.16 所示。

2.调试运行

设置好断点之后，调试时单击快捷工具条中的 ▤↓，当程序遇到断点时将暂停执行，进入调试状态，如图 1.17 所示。当有多个断点时，通过单击 ▤↓，可按照程序的执行顺序在多个断点中跳转。

在调试运行时，观察下部窗口中变量的内容变化即可发现程序的错误所在。如果想中断调试运行，可以选择菜单指令，单击"Build"→"Stop Debugging"来中断调试。

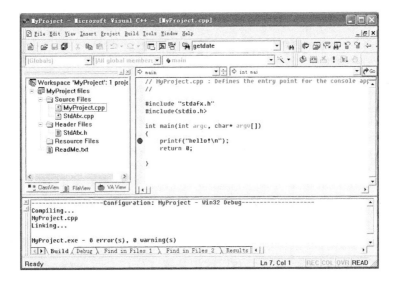

图 1.16

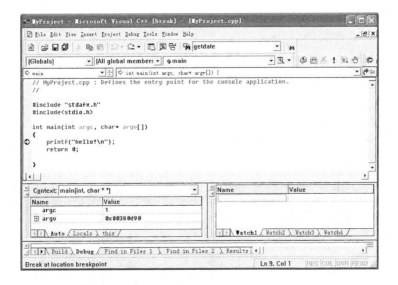

图 1.17

第 2 章　实 验 指 导

2.1　实验 1　顺序结构程序设计

2.1.1　第一个实验

给出三角形的三边长 a,b,c,求三角形的面积。假设给定的三条边符合构成三角形的条件,即任意两边之和大于第三边,可利用数学公式 $A = \sqrt{s(s-a)(s-b)(s-c)}$ 求三角形的面积,其中 $s = (a+b+c)/2$。

1. 实验的目的和要求

(1)掌握 C 语言程序的基本结构;

(2)熟悉基本数据类型;

(3)掌握求算术平方根函数 sqrt;

(4)掌握数据输出函数 printf;

(5)掌握建立 Visual C++6.0 工程的方法。

2. 编程步骤详解

步骤 1　建立一个工程。

在 Visual C++6.0 的集成开发环境下,单击"File"(文件)菜单项,然后选择其子菜单项"New"(新建),如图 2.1 所示。

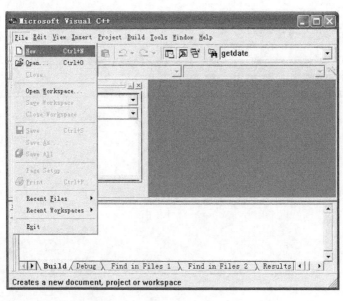

图 2.1

屏幕上会弹出"New"（新建）对话框，如图2.2所示。单击对话框上方的"Projects"（工程）选项卡，在其下方列表中选择"Win32 Console Application"选项，在右侧的"Project name"（工程名）文本框中输入工程名"test"，在"Location"（目录）文本框中输入工程文件存放的目录"C:\test"，然后单击"OK"按钮。

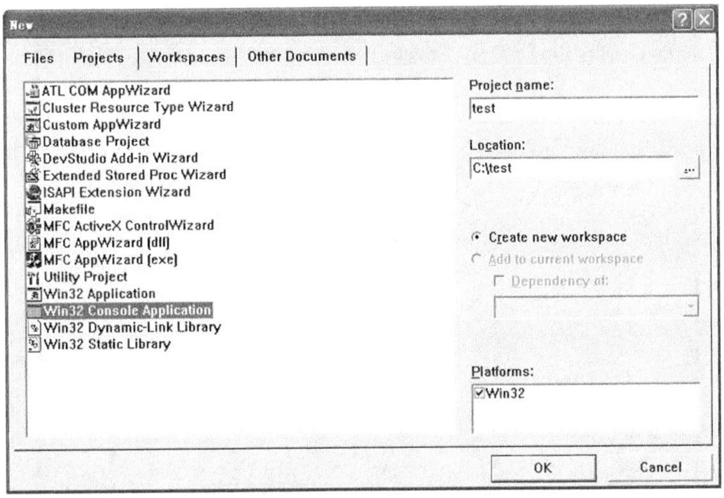

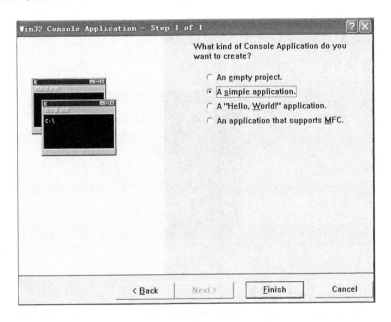

图2.2

单击"OK"按钮后，会弹出如图2.3所示的界面，为了方便编程，选择"A simple application"选项，然后单击"Finish"按钮。

图2.3

单击"Finish"按钮后，会弹出如图2.4所示的界面，界面中包含了建立的工程文件的头文件及路径等信息。

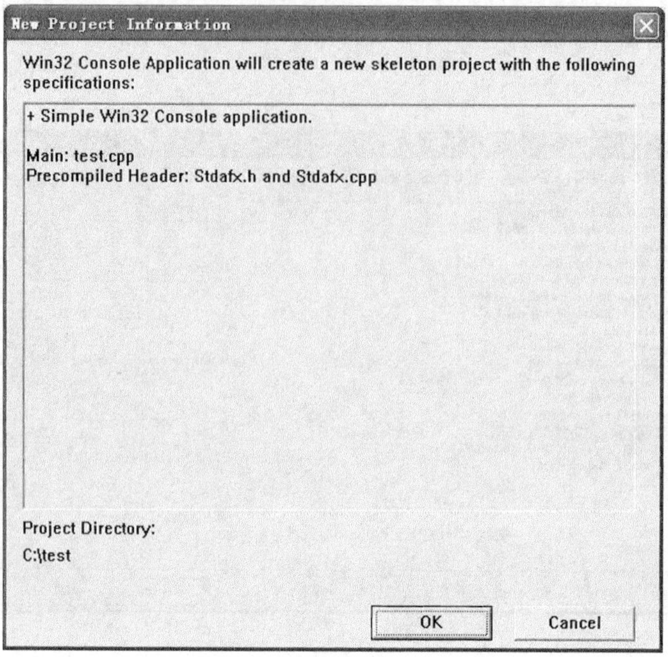

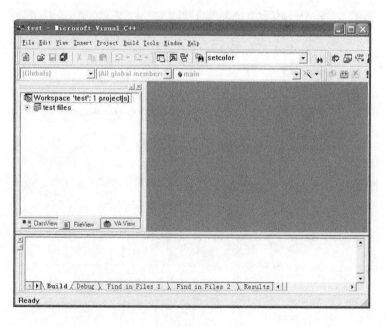

图2.4

单击"OK"按钮,则进入了一个简单的 C 语言 Win32 控制台程序的集成开发界面,如图 2.5所示。

图2.5

左侧窗口为工程管理窗口,选择"FileView"选项卡,通过点击"＋"可打开工程的文件目录列表,工程的很多操作都需要通过此窗口进行。通过双击列表中的"test. cpp"文件名,可在中央的编辑窗口中打开该文件,如图 2.6 所示。此文件中只包含一个主函数 main( )框架。

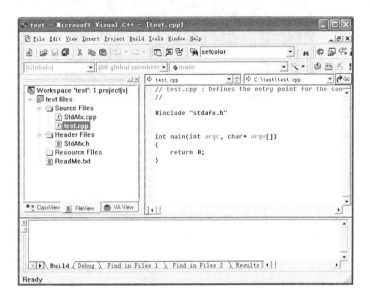

图 2.6

步骤 2 在打开的"test. cpp"文件的上部,添加头文件。

```
#include < stdio. h >
#include < math. h >
```

步骤 3 在主函数 main( )中添加代码。

```
int main( int argc , char * argv[ ] )
{
    double a,b,c,s,area;
    a = 3.67;
    b = 5.43;
    c = 6.21;
    s = ( a + b + c )/2;
    area = sqrt( s * ( s - a ) * ( s - b ) * ( s - c ) );
    printf( " a = % f\tb = % f\tc = % f\n" , a, b, c ) ;
    printf( " area = % f\n" , area ) ;
    return 0;
}
```

步骤 4 调试运行,结果如图 2.7 所示。

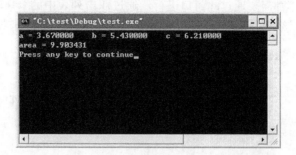

图 2.7

2.1.2　第二个实验

求方程 $ax^2 + bx + c = 0$ 的根。a,b,c 由键盘输入，设 $b^2 - 4ac > 0$。一元二次方程的两个

根的公式分别为 $x_1 = \dfrac{-b + \sqrt{b^2 - 4ac}}{2a}$，$x_2 = \dfrac{-b - \sqrt{b^2 - 4ac}}{2a}$；将上式分成两项，令 $p = \dfrac{-b}{2a}$，

$q = \dfrac{\sqrt{b^2 - 4ac}}{2a}$，则 $x_1 = p + q$，$x_2 = p - q$。

1. 实验的目的和要求

（1）掌握 C 语言程序的基本结构；

（2）熟悉基本数据类型；

（3）掌握求算术平方根函数 sqrt；

（4）掌握数据的输入函数 scanf 和输出函数 printf；

（5）掌握建立 Visual C++6.0 工程的方法。

2. 编程步骤详解

步骤 1　建立一个工程。

与第一个实验的步骤 1 相同，此处略。

步骤 2　在打开的"test. cpp"文件的上部，添加头文件。

#include < stdio. h >

#include < math. h >

步骤 3　在主函数 main( )中添加代码。

```
int main( int argc, char * argv[ ] )
{
    double a,b,c,disc,x1,x2,p,q;
    scanf( "% lf% lf% lf" ,&a,&b,&c );
    disc = b * b - 4 * a * c;
    p = -b/(2.0 * a);
    q = sqrt( disc/(2.0 * a) );
    x1 = p + q; x2 = p - q;
    printf( "x1 = % 7.2f\nx2 = % 7.2f\n",x1,x2);
```

```
        return 0;
}
```

步骤 4   调试运行,结果如图 2.8 所示。

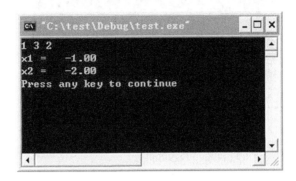

图 2.8

2.1.3　第三个实验

从键盘输入一个大写字母,在显示屏上显示对应的小写字母。(提示:小写字母的 ASCII 值比对应的大写字母的 ASCII 值大 32)

1. 实验的目的和要求

(1)掌握 C 语言程序的基本结构;

(2)熟悉基本数据类型;

(3)掌握字母的输入函数 getchar 和输出函数 putchar;

(4)掌握建立 Visual C ++6.0 工程的方法。

2. 编程步骤详解

步骤 1   建立一个工程。

与第一个实验的步骤 1 相同,此处略。

步骤 2   在打开的"test. cpp"文件的上部,添加头文件。

#include < stdio. h >

步骤 3   在主函数 main( )中添加代码。

```
int main( int argc, char *  argv[ ] )
{
        char c1 ,c2 ;
        c1 = getchar( ) ;
        c2 = c1  + 32 ;
        putchar( c2 ) ;
        putchar( " \n" ) ;
        return 0 ;
}
```

步骤 4   调试运行,结果如图 2.9 所示。

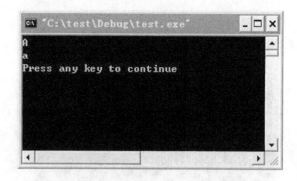

图2.9

2.2　实验2　选择结构程序设计

2.2.1　第一个实验

输入两个实数,按代数值由小到大的顺序输出这两个数。

1.实验的目的和要求

(1)掌握实现选择结构的 if 语句;

(2)熟悉数据输入函数 scanf ;

(3)熟悉数据输出函数 printf;

(4)掌握建立 Visual C ++6.0 工程的方法。

2.编程步骤详解

步骤1　建立一个工程。

在 Visual C ++6.0 的集成开发环境下,单击"File"(文件)菜单项,然后选择其子菜单项"New"(新建),如图2.10所示。

屏幕上会弹出"New"(新建)对话框,如图2.11所示。单击对话框上方的"Projects"(工程)选项卡,在其下方列表中选择"Win32 Console Application"选项,在右侧的"Project name"(工程名)文本框中输入工程名"test",在"Location"(目录)文本框中输入工程文件存放的目录"C:\ test",然后单击"OK"按钮。

单击"OK"按钮后,会弹出如图2.12所示的界面,为了方便编程,选择"A simple application"选项,然后单击"Finish"按钮。

单击"Finish"按钮后,弹出如图2.13所示的界面,界面中包含了建立的工程文件的头文件及路径等信息。

单击"OK"按钮,则进入了一个简单的 C 语言 Win32 控制台程序的集成开发界面,如图2.14所示。

左侧窗口为工程管理窗口,选择"FileView"选项卡,通过点击" +"可打开工程的文件目录列表,工程的很多操作都需要通过此窗口进行。通过双击列表中的"test. cpp"文件名,可在中央的编辑窗口中打开该文件,如图 2.15 所示。此文件中只包含一个主函数 main( ) 框架。

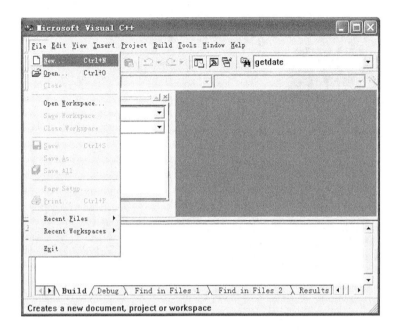

图 2.10

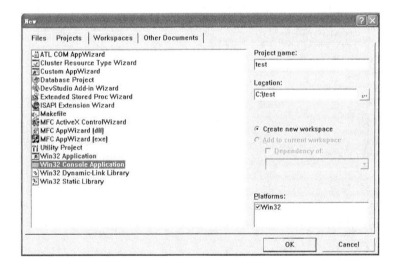

图 2.11

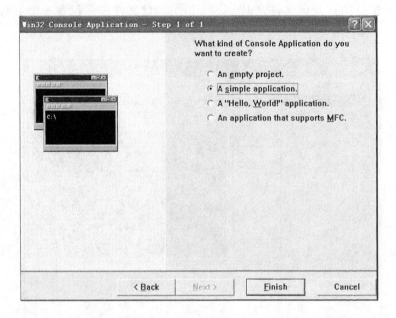

图 2.12

图 2.13

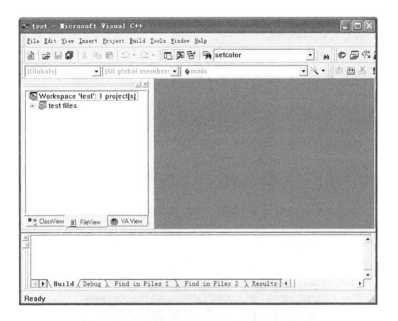

图 2.14

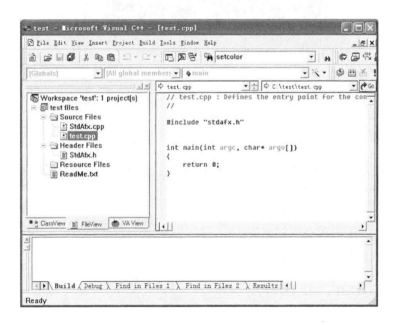

图 2.15

步骤 2   在打开的"test. cpp"文件的上部,添加头文件。

#include < stdio. h >

步骤 3   在主函数 main( )中添加代码。

int main(int argc, char * argv[ ])

{

19

```
        float a,b,t;
        scanf("%f,%f",&a,&b);
        if(a>b)
        {
            t=a;
            a=b;
            b=t;
        }
        printf("%5.2f,%5.2f\n",a,b);
        return 0;
}
```

步骤4　调试运行,结果如图2.16所示。

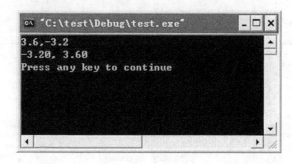

图2.16

2.2.2　第二个实验

求方程 $ax^2+bx+c=0$ 的解,a,b,c 由键盘输入。方程的解有如下几种可能:

(1)$a=0$,不是二次方程;

(2)$b^2-4ac=0$,有两个相等实根;

(3)$b^2-4ac>0$,有两个不等实根;

(4)$b^2-4ac<0$,有两个共轭复根。

一元二次方程的两个根的公式分别为 $x_1=\dfrac{-b+\sqrt{b^2-4ac}}{2a}$,$x_2=\dfrac{-b-\sqrt{b^2-4ac}}{2a}$;将上

式分成两项,令 $p=\dfrac{-b}{2a}$,$q=\dfrac{\sqrt{b^2-4ac}}{2a}$,则实根解为 $x_1=p+q$,$x_2=p-q$;复根解为 $x_1=p+q\mathrm{i}$,

$x_2=p-q\mathrm{i}$。

1.实验的目的和要求

(1)掌握选择结构中多分支 if 语句形式;

(2)掌握选择结构 if 语句嵌套的应用;

(3)掌握求算术平方根函数 sqrt;

(4)掌握数据的输入函数 scanf 和输出函数 printf;

(5)掌握建立 Visual C++6.0 工程的方法。

2. 编程步骤详解

步骤1 建立一个工程。

与第一个实验的步骤1相同,此处略。

步骤2 在打开的"test. cpp"文件的上部,添加头文件。

#include < stdio. h >

#include < math. h >

步骤3 在主函数 main( )中添加代码。

```
int main( int argc, char * argv[ ] )
{
    double a,b,c,disc,x1,x2,realpart,imagpart;
    scanf( "% lf,% lf,% lf",&a,&b,&c);
    printf( "The equation ");
    if( fabs( a) <= 1e −6)
        printf( "is not a quadratic \n");
    else
    {
        disc = b * b −4 * a * c;
        if( fabs( disc) <= 1e −6)
            printf( "has two equal roots:%8.4f\n", −b/(2 * a));
        else if( disc > 1e −6)
        {
            x1 = ( −b + sqrt( disc))/(2 * a);
            x2 = ( −b − sqrt( disc))/(2 * a);
            printf( "has distinct real roots:%8.4f and %8.4f\n",x1,x2);
        }
        else
        {
            realpart = −b/(2 * a);
            imagpart = sqrt( −disc)/(2 * a)
            printf( " has complex roots:\n");
            printf( "%8.4f + %8.4fi\n",realpart,imagpart);
            printf( "%8.4f − %8.4fi\n",realpart,imagpart);
        }
    }
    return 0;
}
```

步骤4 调试运行,结果如图 2.17 所示。

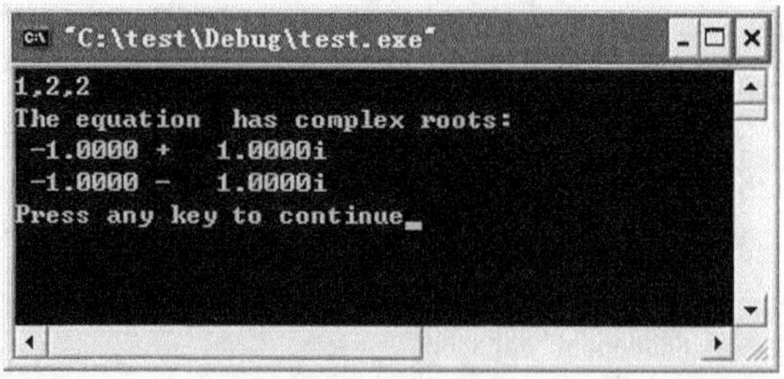

图 2.17

2.2.3　第三个实验

要求按照考试成绩的等级输出百分制数段，A 等为 85 分以上，B 等为 70 ~ 84 分，C 等为 60 ~ 69 分，D 等为 60 分以下。成绩的等级由键盘输入。

1. 实验的目的和要求

（1）掌握选择结构的 switch 语句使用；

（2）掌握数据的输入函数 scanf 和输出函数 printf；

（3）掌握建立 Visual C ++6.0 工程的方法。

2. 编程步骤详解

步骤1　建立一个工程。

与第一个实验的步骤 1 相同，此处略。

步骤2　在打开的"test. cpp"文件的上部，添加头文件。

#include < stdio. h >

步骤3　在主函数 main( )中添加代码。

```
int main( int argc, char *  argv[ ] )
{
    char grade;
    scanf( "% c" ,&grade) ;
    printf( "Your score:" ) ;
    switch( grade)
    {
      case 'A': printf( "85 ~ 100\n" ) ;break;
      case 'B': printf( "70 ~ 84\n" ) ;break;
      case 'C': printf( "60 ~ 69\n" ) ;break;
      case 'D': printf( " < 60\n" ) ;break;
      default：  printf( "enter data error!\n" ) ;
    }
    return 0;
}
```

步骤4　调试运行，结果如图 2.18 所示。

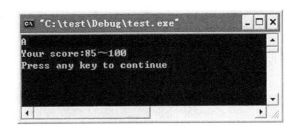

图 2.18

2.3 实验3 循环结构程序设计

2.3.1 第一个实验

要求输出 100 ~ 200 之间的不能被 3 整除的数。

1. 实验的目的和要求

(1)掌握实现循环结构的 for 语句;

(2)熟悉循环控制 continue 语句;

(3)掌握数据整除运算表达式;

(4)掌握建立 Visual C++6.0 工程的方法。

2. 编程步骤详解

步骤1 建立一个工程。

在 Visual C++6.0 的集成开发环境下,单击"File"(文件)菜单项,然后选择其子菜单项 "New"(新建),如图 2.19 所示。

屏幕上会弹出"New"(新建)对话框,如图 2.20 所示。单击对话框上方的"Projects"(工程)选项卡,在其下方列表中选择"Win32 Console Application"选项,在右侧的"Project name" (工程名)文本框中输入工程名"test",在"Location"(目录)文本框中输入工程文件存放的目录"C:\ test",然后单击"OK"按钮。

单击"OK"按钮后,会弹出如图 2.21 所示的界面,为了方便编程,选择"A simple application"选项,然后单击"Finish"按钮。

单击 Finish 后,会弹出如图 2.22 所示的界面,界面中包含了建立的工程文件的头文件及路径等信息。

单击"OK"按钮,则进入了一个简单的 C 语言 Win32 控制台程序的集成开发界面,如图 2.23所示。

左侧窗口为工程管理窗口,选择"FileView"选项卡,通过点击"+"可打开工程的文件目录列表,工程的很多操作都需要通过此窗口进行。通过双击列表中的"test. cpp"文件名,可在中央的编辑窗口中打开该文件,如图 2.24 所示。此文件中只包含一个主函数 main( )框架。

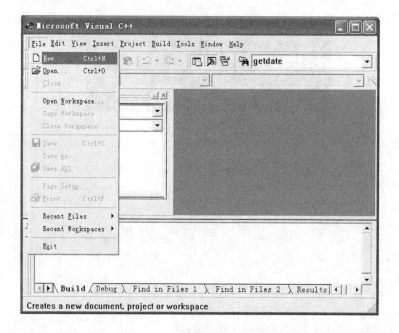

图 2.19

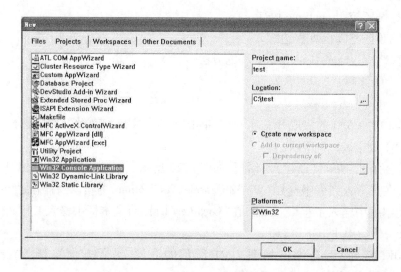

图 2.20

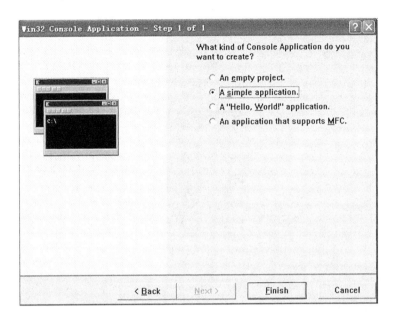

图 2.21

图 2.22

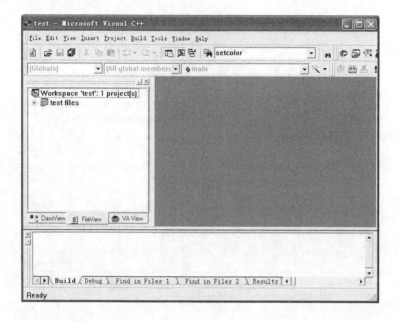

图 2.23

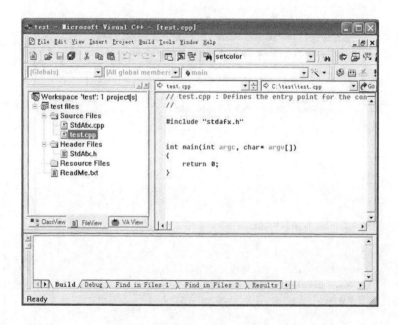

图 2.24

步骤2　在打开的"test. cpp"文件的上部,添加头文件。

#include < stdio. h >

步骤3　在主函数 main( )中添加代码。

int main(int argc, char * argv[ ])

{

```
    int n;
    for( n = 100 ; n <= 200 ; n ++ )
    {
        if ( n%3==0 )
            continue ;
        printf( "%d    " ,n) ;
    }
    return 0 ;
}
```

步骤4 调试运行,结果如图2.25所示。

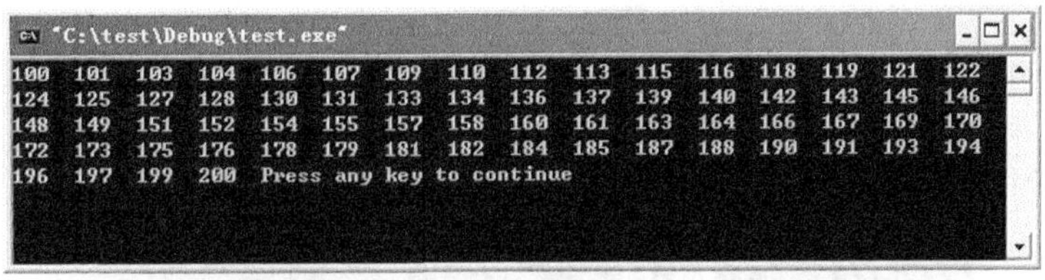

图 2.25

2.3.2 第二个实验

求 Fibonacci(裴波纳契)数列的前40个数。这个数列有如下特点:第1个数和第2个数都为1,从第3个数开始,该数是其前面两个数之和,即

$$
\begin{cases}
F_1 = 1 & (n = 1) \\
F_2 = 1 & (n = 2) \\
F_n = F_{n-1} + F_{n-2} & (n \geqslant 3)
\end{cases}
$$

1. 实验的目的和要求

(1)掌握循环结构的语句形式;

(2)掌握循环结构的程序设计方法;

(3)掌握建立 Visual C++6.0 工程的方法。

2. 编程步骤详解

步骤1 建立一个工程。

与第一个实验的步骤1相同,此处略。

步骤2 在打开的"test. cpp"文件的上部,添加头文件。

#include < stdio. h >

步骤3 在主函数 main( )中添加代码。

```
int main( int argc, char *  argv[ ] )
{
    int f1 = 1 ,f2 = 1 ,f3 ;
    int i ;
```

```
    printf("%12d\n%12d\n",f1,f2);
    for(i=1; i<=38; i++)
    {
       f3 = f1 + f2;
       printf("%12d\n",f3);
       f1 = f2;
       f2 = f3;
    }
    return 0;
}
```

步骤4 调试运行，结果如图2.26所示。

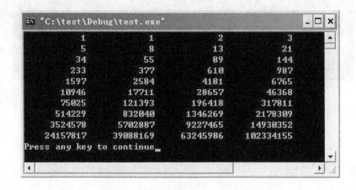

图2.26

2.3.3 第三个实验

求100~200之间的全部素数。

1. 实验的目的和要求

(1)掌握嵌套循环语句的使用；

(2)掌握算术平方根函数sqrt；

(3)掌握输出的格式控制方法；

(4)掌握建立Visual C++6.0工程的方法。

2. 编程步骤详解

步骤1 建立一个工程。

与第一个实验的步骤1相同，此处略。

步骤2 在打开的"test.cpp"文件的上部，添加头文件。

#include <stdio.h>

#include <math.h>

步骤3 在主函数main()中添加代码。

int main(int argc, char * argv[])

{

```
int n,k,i,m = 0;
for(n = 101;n <= 200;n = n + 2)
{
    k = int(sqrt(n));
    for (i = 2;i <= k;i ++)
        if (n% i==0) break;
    if (i > = k + 1)
        {
            printf("% d ",n);
            m = m + 1;
        }
    if(m% 10==0) printf(" \n");
}
printf(" \n");
return 0;
}
```

步骤4 调试运行,结果如图2.27所示。

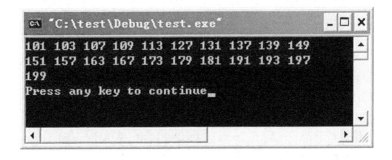

图 2.27

2.4 实验4 数组程序设计

2.4.1 第一个实验

用数组求 Fibonacci 数列的前20项。

1. 实验的目的和要求

(1)掌握一维数组的使用;

(2)熟悉循环结构的 for 语句;

(3)熟悉输出的格式控制方法;

(4)掌握建立 Visual C ++6.0 工程的方法。

2. 编程步骤详解

步骤1　建立一个工程。

在 Visual C ++6.0 的集成开发环境下，单击"File"（文件）菜单项，然后选择其子菜单项"New"（新建），如图2.28 所示。

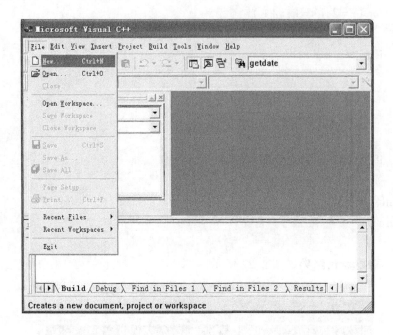

图 2.28

屏幕上会弹出"New"（新建）对话框，如图2.29 所示。单击对话框上方的"Projects"（工程）选项卡，在其下方列表中选择"Win32 Console Application"选项，在右侧的"Project name"（工程名）文本框中输入工程名"test"，在"Location"（目录）文本框中输入工程文件存放的目录"C：\ test"，然后单击"OK"按钮。

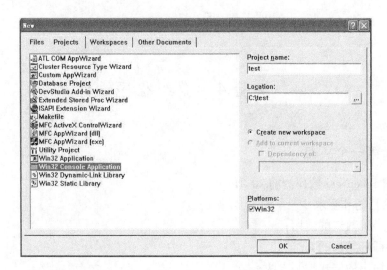

图 2.29

单击"OK"按钮后,会弹出如图2.30所示的界面,为了方便编程,选择"A simple application"选项,然后单击"Finish"按钮。

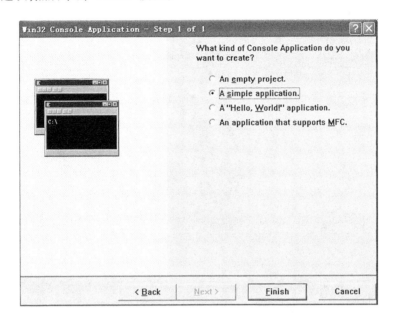

图2.30

单击"Finish",会弹出如图2.31所示的界面,界面中包含了建立的工程文件的头文件及路径等信息。

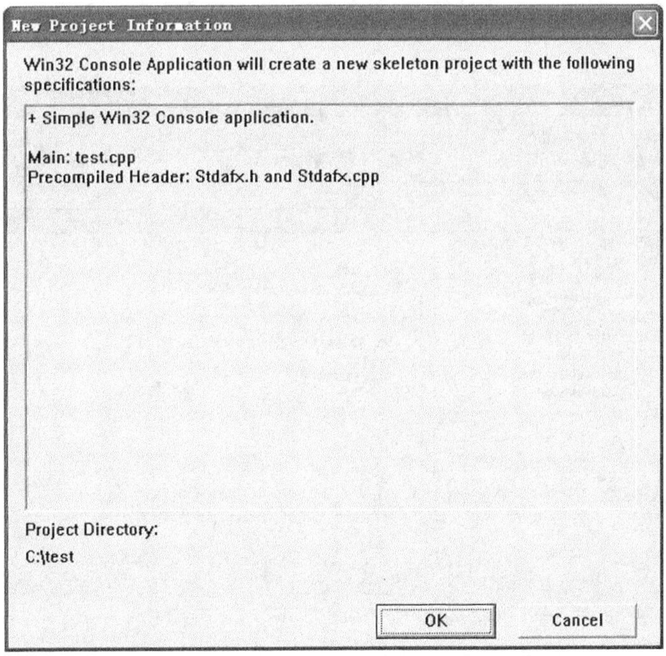

图2.31

单击"OK"按钮,则进入了一个简单的 C 语言 Win32 控制台程序的集成开发界面,如图 2.32所示。

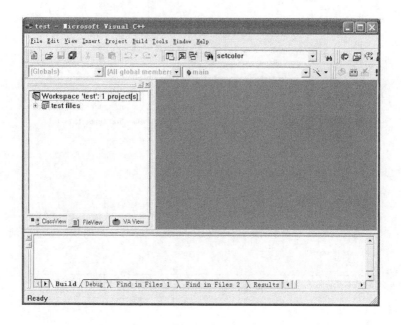

图 2.32

左侧窗口为工程管理窗口,选择"FileView"选项卡,通过点击" + "可打开工程的文件目录列表,工程的很多操作都需要通过此窗口进行。通过双击列表中的"test. cpp"文件名,可在中央的编辑窗口中打开该文件,如图 2.33 所示。此文件中只包含一个主函数 main( )框架。

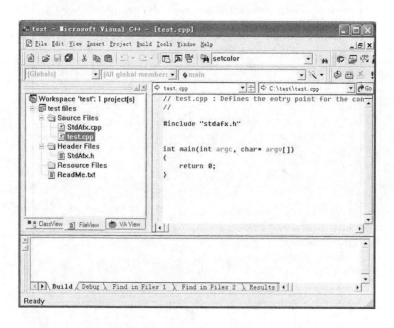

图 2.33

步骤2　在打开的"test.cpp"文件的上部,添加头文件。

#include < stdio.h >

步骤3　在主函数 main()中添加代码。

```c
int main(int argc, char * argv[])
{
    int i;
    int f[20] = {1,1};
    for(i=2;i<20;i++)
        f[i] = f[i-2]+f[i-1];
    for(i=0;i<20;i++)
    {
        if(i%5==0) printf("\n");
        printf("%12d",f[i]);
    }
    printf("\n");
    return 0;
}
```

步骤4　调试运行,结果如图2.34所示。

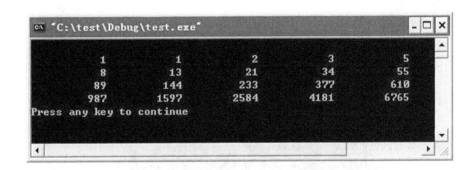

图2.34

2.4.2　第二个实验

通过键盘输入10个整数,采用冒泡法对这10个数从小到大排序,并输出结果。

1.实验的目的和要求

(1)掌握冒泡法原理;

(2)掌握循环结构的语句形式;

(3)掌握建立 Visual C++6.0 工程的方法。

2.编程步骤详解

步骤1　建立一个工程。

与第一个实验的步骤1相同,此处略。

步骤 2　在打开的"test. cpp"文件的上部,添加头文件。

#include < stdio. h >

步骤 3　在主函数 main( )中添加代码。

int main(int argc, char * argv[ ])

{

　　int a[10];

　　int i,j,t;

　　printf("input 10 numbers :\n");

　　for (i =0;i <10;i ++)

　　　　scanf("% d",&a[i]);

　　printf("\n");

　　for(j =0;j <9;j ++)

　　　　for(i =0;i <9 − j;i ++)

　　　　　　if (a[i] >a[i +1])

　　　　　　{

　　　　　　　　t =a[i];a[i] =a[i +1];a[i +1] =t;

　　　　　　}

　　printf("the sorted numbers :\n");

　　for(i =0;i <10;i ++)

　　　　printf("% d ",a[i]);

　　printf("\n");

　　return 0;

}

步骤 4　调试运行,结果如图 2.35 所示。

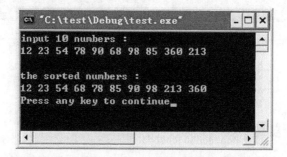

图 2.35

2.4.3 第三个实验

有一个3×4矩阵,编程求出其中最大的元素的值及其所在的行号和列号。

1.实验的目的和要求

(1)掌握二维数组的使用;

(2)掌握嵌套循环语句的使用;

(3)掌握建立 Visual C++6.0 工程的方法。

2.编程步骤详解

步骤1 建立一个工程。

与第一个实验的步骤1相同,此处略。

步骤2 在打开的"test.cpp"文件的上部,添加头文件。

#include <stdio.h>

步骤3 在主函数main()中添加代码。

```c
int main(int argc, char * argv[])
{
    int i,j,row=0,colum=0,max;
    int a[3][4]={{1,2,3,4},{9,8,7,6},{-10,10,-5,2}};
    max=a[0][0];
    for(i=0;i<=2;i++)
        for(j=0;j<=3;j++)
            if(a[i][j]>max)
            {
                max=a[i][j];  row=i;  colum=j;
            }
    for(i=0;i<=2;i++)
    {
        for(j=0;j<=3;j++)
            printf("%5d",a[i][j]);
        printf("\n");
    }
    printf("行和列从零开始计数:max=%d, row=%d, colum=%d\n",max,row,colum);
    return 0;
}
```

步骤4 调试运行,结果如图2.36所示。

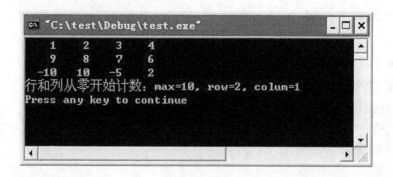

图 2.36

2.5 实验5 函数程序设计

2.5.1 第一个实验

输出以下的结果，要求用函数调用实现。

****

How do you do!

****

1. 实验的目的和要求

(1) 掌握无参函数的定义；

(2) 掌握无参函数的调用；

(3) 掌握建立 Visual C++6.0 工程的方法。

2. 编程步骤详解

步骤1 建立一个工程。

在 Visual C++6.0 的集成开发环境下，单击"File"（文件）菜单项，然后选择其子菜单项"New"（新建），如图 2.37 所示。

屏幕上会弹出"New"（新建）对话框，如图 2.38 所示。单击对话框上方的"Projects"（工程）选项卡，在其下方列表中选择"Win32 Console Application"选项，在右侧的"Project name"（工程名）文本框中输入工程名"test"，在"Location"（目录）文本框中输入工程文件存放的目录"C:\ test"，然后单击"OK"按钮。

单击"OK"按钮后，会弹出如图 2.39 所示的界面，为了方便编程，选择"A simple application"选项，然后单击"Finish"按钮。

单击"Finish"按钮后，会弹出如图 2.40 所示的界面，界面中包含了建立的工程文件的头文件及路径等信息。

单击"OK"按钮，则进入了一个简单的 C 语言 Win32 控制台程序的集成开发界面，如图 2.41所示。

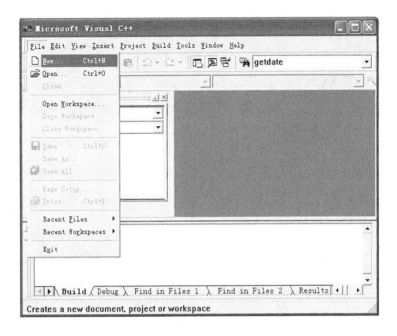

图 2.37

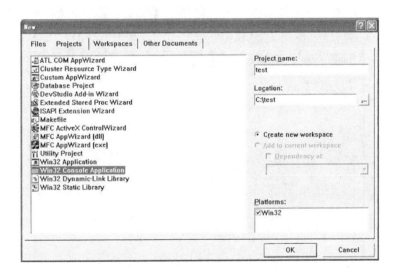

图 2.38

　　左侧窗口为工程管理窗口,选择"FileView"选项卡,通过点击"+"可打开工程的文件目录列表,工程的很多操作都需要通过此窗口进行。通过双击列表中的"test.cpp"文件名,可在中央的编辑窗口中打开该文件,如图 2.42 所示。此文件中只包含一个主函数 main( )框架。

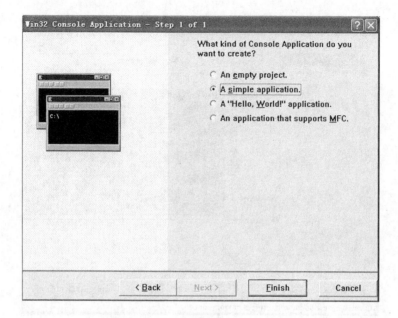

图 2.39

图 2.40

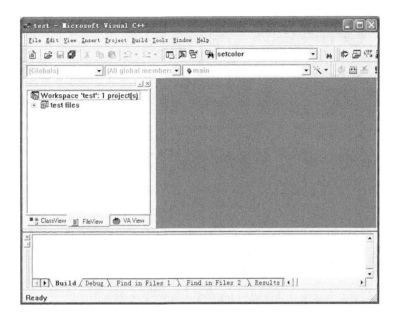

图 2.41

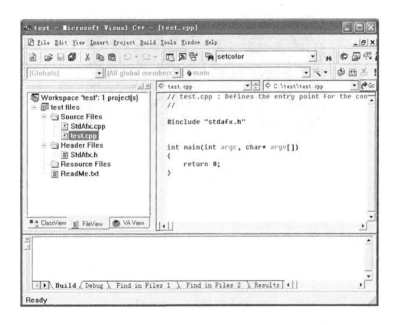

图 2.42

步骤 2 在打开的"test. cpp"文件的上部,添加头文件。

#include < stdio. h >

步骤 3 在主函数 main( )中添加代码。

int main(int argc, char ∗ argv[ ])

{

```
    void print_star( );
    void print_message( );
    print_star( );
    print_message( );
    print_star( );
    return 0;
}
```

步骤4　在主函数 main( )下部，添加用户自定义函数。

```
void print_star( )
{
    printf( " ****************** \n" );
}
void print_message( )
{
    printf( "How do you do! \n" );
}
```

步骤5　调试运行，结果如图2.43所示。

图2.43

2.5.2　第二个实验

用函数的递归调用求 $n!$，其数学表达为

$$n! = \begin{cases} 1 & (n = 0,1) \\ n(n-1)! & (n > 1) \end{cases}$$

1. 实验的目的和要求

(1)掌握函数的设计方法；

(2)掌握函数的递归调用设计；

(3)掌握建立 Visual C++6.0 工程的方法。

2. 编程步骤详解

步骤1　建立一个工程。

与第一个实验的步骤1相同，此处略。

步骤2　在打开的"test. cpp"文件的上部，添加头文件。

#include < stdio. h >

步骤3　在主函数 main( )中添加代码。

```c
int main( int argc, char * argv[ ] )
{
    int fac( int n );
    int n;    int y;
    printf("input an integer number:");
    scanf("%d",&n);
    y = fac( n );
    printf("%d! = %d\n",n,y);
    return 0;
}
```

步骤4　在主函数 main( )下面添加自定义函数。

```c
int fac( int n )
{
    int f;
    if( n < 0)
        printf("n < 0,data error!");
    else if( n==0 || n==1)
        f = 1;
    else   f = fac( n - 1) * n;
    return f;
}
```

步骤5　调试运行,结果如图2.44 所示。

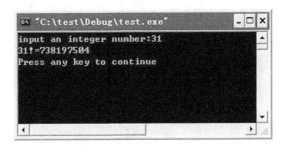

图 2.44

2.5.3 第三个实验

用选择法对数组中10个整数按由小到大的顺序排序,排序功能设计成函数实现。

1. 实验的目的和要求

(1)掌握选择法排序原理;

(2)掌握将数组名作为函数参数的函数调用方法;

(3)掌握建立 Visual C++6.0 工程的方法。

2. 编程步骤详解

步骤1　建立一个工程。

与第一个实验的步骤1相同,此处略。

步骤2　在打开的"test.cpp"文件的上部,添加头文件。

```c
#include < stdio.h >
```

步骤3　在主函数 main()中添加代码。

```c
int main( int argc, char * argv[ ])
{
    void sort( int array[ ], int n);
    int a[10], i;
    printf("enter array:\n");
    for( i = 0; i < 10; i ++)
        scanf("%d", &a[i]);
    sort(a, 10);
    printf("The sorted array:\n");
    for( i = 0; i < 10; i ++)
        printf("%d ", a[i]);
    printf("\n");
    return 0;
}
```

步骤4　在主函数 main()下面添加自定义函数。

```c
void sort( int array[ ], int n)
{
    int i, j, k, t;
    for( i = 0; i < n - 1; i ++)
    {
        k = i;
        for( j = i + 1; j < n; j ++)
            if( array[j] < array[k])
                k = j;
        t = array[k];
        array[k] = array[i];
        array[i] = t;
```

}
　}
步骤5 调试运行,结果如图2.45所示。

图 2.45

第3章 课程设计实例

由于多个课程设计实例都用到了绘图函数,在使用绘图函数前,请下载"graphics. h"及"graphics. lib"文件,并复制到 Visual C ++ 6.0 安装目录下。TC3.0 版本不需添加此图形函数库。

3.1 实例 1 电子时钟程序

本实例的内容是设计一个电子时钟程序,要求模拟实际的钟表,具有时针、分针、秒针及时间刻度;进行动态显示,并可通过键盘实现数字时钟的添加和去除功能;时钟显示的时间为系统当前的时间,模拟时钟的大小随着界面的大小而改变。电子时钟程序可采用基于 Win32 控制台的程序构建,下面对这种方法进行详细介绍。

3.1.1 设计目的

1. 掌握结构体数组的基本工作原理和工作方式;
2. 熟练掌握 C 语言图形函数库的使用;
3. 熟悉 C 语言时间函数的使用;
4. 掌握 C 语言控制台程序中键盘的操作;
5. 熟悉函数的设计及调用;
6. 了解时钟的秒、分、时之间的函数关系。

3.1.2 基本要求

1. 可以模拟生活中真实时钟的运行,具有时针、分针、秒针及时间刻度并随着时间动态运行,即建立一个模拟时钟;

2. 能够对键盘输入进行响应,从而动态地添加、去除数字时钟及退出程序;

3. 使用结构体数组来存储时间刻度线的端点坐标,以及时针、分针、秒针的端点坐标;

4. 编写好的电子时钟程序运行后,应实现类似图 3.1 的功能界面。

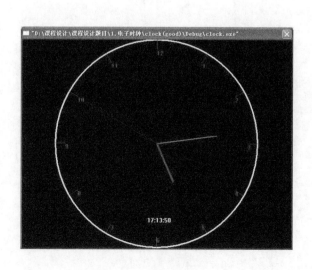

图 3.1

3.1.3 设计结构及算法分析

在进行程序设计时,选择一种合理的数据存储结构是非常关键的。根据题目要求,本实例采用结构体数组来存放时间刻度线及时针、分针和秒针的端点坐标。

1. 存储结构

将一条线段的两个端点坐标当作一个数组元素,则数组为结构体数组,结构体类型如下:

```
struct linetime
{
    int X1,Y1,X2,Y2;    //线段起点坐标和终点坐标
};
linetime line1[15];     //时针、分针、秒针及时间刻度线的起止点坐标
```

2. main( )主函数

本程序采用模块化设计,功能放在各模块函数中实现。主函数是程序的入口,在其中对图形系统进行初始化,然后依次调用各功能函数。

3. ClockLine( )函数 ——画时间刻度线

根据图形界面的尺寸,采用 for 循环结构计算出 12 条小时刻度线的起止点坐标,存放在结构体数组 line1[15]中,采用 line 指令画线。

4. DigitalClock( )函数 ——画时钟函数

构建无限循环结构,在循环内部实时检测键盘输入并根据键盘输入确定 flag 值。当 flag = 0 时,不输出数字时钟;当 flag = 1 时,输出数字时钟;当 flag = 2 时,退出整个程序。在循环体中实时地计算时针、分针和秒针的端点坐标并画到界面中,同时对前一次画的时针、分针和秒针用背景色重画,起到擦除的作用。

5. keyhandle( )函数 ——键盘控制函数

对检测的键盘输入值进行 flag 值设定,键盘的每个按键都有一个键码对应,程序中分别使用了三个按键。

```
#define UP 72       /* 上移↑键:
添加数字时钟 */
#define DOWN 80     /* 下移↓键:
去除数字时钟 */
#define ESC 27      /* Esc 键:退
出系统 */
```

3.1.4 程序执行流程图

整个程序执行的流程如图 3.2
所示。

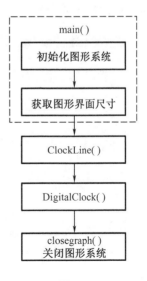

图3.2

3.1.5 基于 Win32 控制台的 C 语言程序设计详细步骤

步骤 1 建立一个工程。

在 Visual C ++ 6.0 的集成开发环境下，单击"File"（文件）菜单项，之后选择其子菜单项 "New"（新建），如图 3.3 所示。

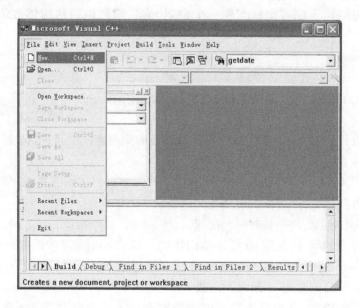

图 3.3

屏幕上会弹出"New"（新建）对话框，如图 3.4 所示。单击对话框上方的"Projects"（工程）选项卡，在其下方列表中选择"Win32 Console Application"选项，在右侧的"Project name"（工程名）文本框中输入工程名"Clock"，在"Location"（目录）文本框中输入工程文件存放的目录"C:\Clock"，确定后单击"OK"按钮。

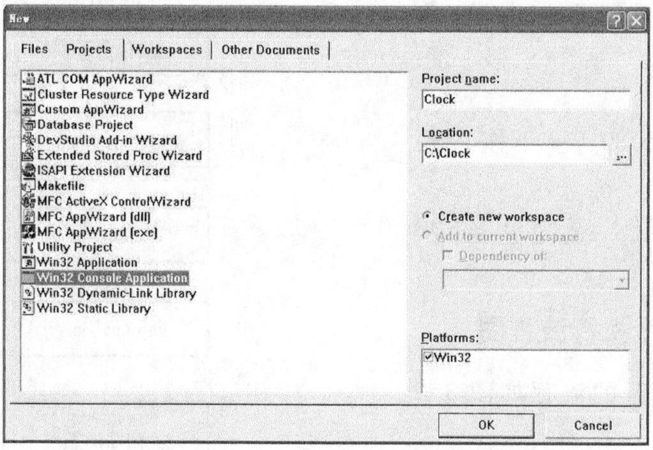

图 3.4

单击"OK"按钮后,会弹出如图 3.5 所示的界面,为了方便编程,选择"A simple application"选项,然后单击"Finish"按钮。

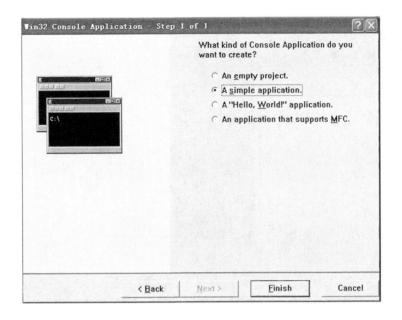

图3.5

单击"Finish"按钮,会弹出如图 3.6 所示的界面,界面中包含了建立的工程文件的头文件及路径等信息。

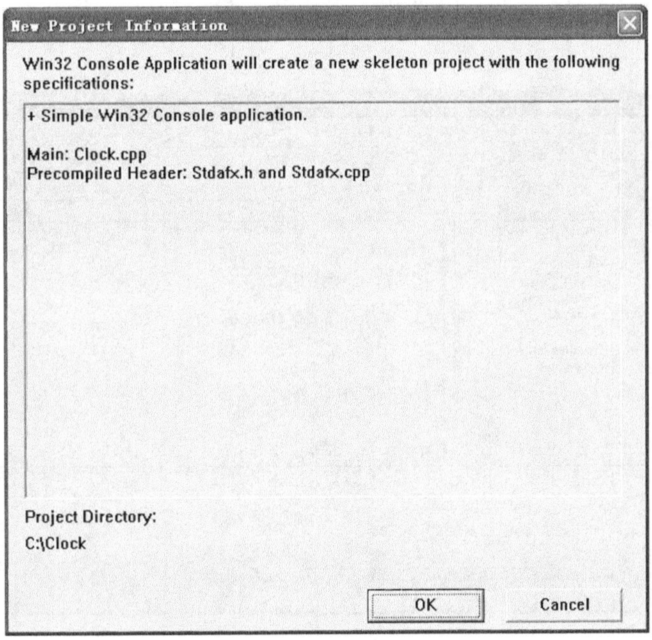

图3.6

单击"OK"按钮,则进入了一个简单的 C 语言 Win32 控制台程序的集成开发界面,如图 3.7所示。

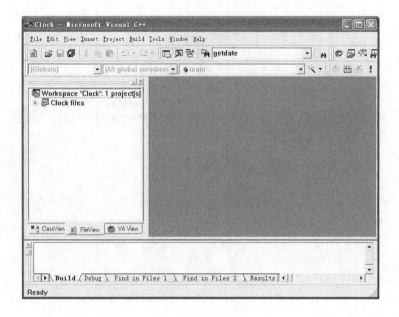

图 3.7

左侧窗口为工程管理窗口,选择"FileView"选项卡,通过点击"＋"可打开工程的文件目录列表,工程的很多操作都需要通过此窗口进行。通过双击列表中的"Clock. cpp"文件名,可在中央的编辑窗口中打开该文件,如图 3.8 所示。此文件中只包含一个主函数 main( )框架。

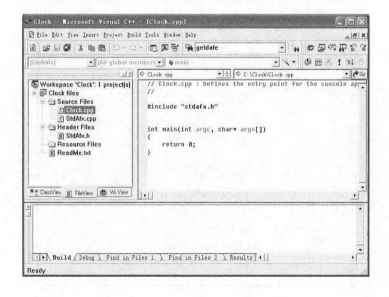

图 3.8

步骤2 在打开的"Clock.cpp"文件的上部,添加程序头文件和预定义。

```cpp
#include <graphics.h>
#include <time.h>
#include <math.h>
#include <conio.h>
#include <stdio.h>
#define UP      72    /*上移↑键:添加数字时钟*/
#define DOWN    80    /*下移↓键:去除数字时钟*/
#define ESC     27    /*Esc键:退出系统*/
```

步骤3 在主函数上面添加函数定义、变量定义及结构体定义,代码如下:

```cpp
struct linetime
{
    int X1,Y1,X2,Y2;    //线段起点坐标和终点坐标
};
linetime line1[15];         //时针、分针、秒针及时间刻度线的起止点坐标
void ClockLine();
void DigitalClock(int x,int y,int r);
int keyhandle(int key,int flag);
double h,m,s;           /*全局变量:小时、分、秒*/
double angle;
int maxx,maxy,r;
```

步骤4 添加主函数main()的实现部分及其他功能函数,代码如下:

```cpp
int main(int argc, char * argv[])
{
    int driver, mode =0;
    driver = DETECT;                    /*自动检测显示设备*/
    initgraph(&driver, &mode, "");      /*初始化图形系统*/
    maxx = getmaxx();                   //获取DOS控制台的宽度
    maxy = getmaxy();                   //获取DOS控制台的高度
    if(maxx > maxy)
        r = maxy/2;                     //计算DOS控制台中心点值
    else
        r = maxx/2;
    ClockLine();                        //画时间刻度线
    DigitalClock(maxx/2,maxy/2,r);      //画时针、分针、秒针
    closegraph();                       /*关闭图形系统*/
    return 0;
}
```

然后,添加画时间刻度线函数ClockLine(),代码如下:

```cpp
void ClockLine()
```

```
    {
        char buffer2[4];
        int i;
        setcolor(YELLOW);              /* 设置当前画线颜色 */
        setlinestyle(0,0,3);           //线宽为3
        circle(maxx/2,maxy/2,r);       //画模拟时钟外圆
        for(i=3;i<15;i++)              //计算并画出12条小时刻度线
        {
            setcolor(RED);
            setlinestyle(0,0,1);
            angle = i * 30 * PI / 180;
            line1[i].X1 = int(r * 0.9 * cos(angle) + maxx/2);
            line1[i].Y1 = int(r * 0.9 * sin(-angle) + maxy/2);
            line1[i].X2 = int(r * cos(angle) + maxx/2);
            line1[i].Y2 = int(r * sin(-angle) + maxy/2);
            line(line1[i].X1,line1[i].Y1,line1[i].X2,line1[i].Y2);//画时间刻度线
            sprintf(buffer2,"%d",int(15-i));
            outtextxy(line1[i].X1,line1[i].Y1,buffer2); //输出刻度数字
        }
    }
```

接着,添加画时针、分针、秒针函数 DigitalClock(),代码如下:

```
void DigitalClock(int x,int y,int r)
{
    time_t rawtime;
    struct tm * timeinfo;
    int k=0,flag=0;
    char buffer1[10];
    for(;;)
    {
        if(kbhit())                    //检测键盘是否有输入
        {
            k=getch();                 //获得键值
            flag=keyhandle(k,flag);    //根据键值设定标识
        }

        time(&rawtime);
        timeinfo=localtime(&rawtime);//获取当前系统时间
        h=timeinfo→tm_hour;
        m=timeinfo->tm_min;
        s=timeinfo->tm_sec;
```

```
if( flag == 1 )
{
    setcolor( YELLOW ) ;
    setlinestyle( 0 ,0 ,2 ) ;
    sprintf( buffer1 ," % d : % d : % d" ,int( h ) ,int( m ) ,int( s ) ) ;
    outtextxy( x - 22 ,y * 2 - 70 ,buffer1 ) ; //输出数字时间
}
setcolor( RED ) ;
setlinestyle( 0 ,0 ,4 ) ; / * 设置当前时针画线宽度和类型 * /
angle = 2 * PI / 12 * ( 15 - ( h + m / 60 ) ) ;
line1[ 0 ] . X1 = x ;
line1[ 0 ] . Y1 = y ;
line1[ 0 ] . X2 = int( r * 0.4 * cos( angle ) + line1[ 0 ] . X1 ) ;
line1[ 0 ] . Y2 = int( r * 0.4 * sin( - angle ) + line1[ 0 ] . Y1 ) ;
line( line1[ 0 ] . X1 ,line1[ 0 ] . Y1 ,line1[ 0 ] . X2 ,line1[ 0 ] . Y2 ) ;


setcolor( GREEN ) ;
setlinestyle( 0 ,0 ,2 ) ; / * 设置当前分针画线宽度和类型 * /
angle = 2 * PI / 60 * ( 75 - ( m + s / 60 ) ) ;
line1[ 1 ] . X1 = x ;
line1[ 1 ] . Y1 = y ;
line1[ 1 ] . X2 = int( r * 0.6 * cos( angle ) + line1[ 1 ] . X1 ) ;
line1[ 1 ] . Y2 = int( r * 0.6 * sin( - angle ) + line1[ 1 ] . Y1 ) ;
line( line1[ 1 ] . X1 ,line1[ 1 ] . Y1 ,line1[ 1 ] . X2 ,line1[ 1 ] . Y2 ) ;


setcolor( BLUE ) ;
setlinestyle( 0 ,0 ,1 ) ; / * 设置当前秒针画线宽度和类型 * /
angle = 2 * PI / 12 * ( 75 - s ) / 5 ;
line1[ 2 ] . X1 = x ;
line1[ 2 ] . Y1 = y ;
line1[ 2 ] . X2 = int( r * 0.8 * cos( angle ) + line1[ 2 ] . X1 ) ;
line1[ 2 ] . Y2 = int( r * 0.8 * sin( - angle ) + line1[ 2 ] . Y1 ) ;
line( line1[ 2 ] . X1 ,line1[ 2 ] . Y1 ,line1[ 2 ] . X2 ,line1[ 2 ] . Y2 ) ;


Sleep( 1000 ) ;                //定时 1 秒
setcolor( BLACK ) ;
setlinestyle( 0 ,0 ,4 ) ;        / * 设置当前画线宽度和类型,擦除上一次的时针 * /
line( line1[ 0 ] . X1 ,line1[ 0 ] . Y1 ,line1[ 0 ] . X2 ,line1[ 0 ] . Y2 ) ;
setlinestyle( 0 ,0 ,2 ) ;        / * 设置当前画线宽度和类型,擦除上一次的分针 * /
line( line1[ 1 ] . X1 ,line1[ 1 ] . Y1 ,line1[ 1 ] . X2 ,line1[ 1 ] . Y2 ) ;
```

```
            setlinestyle(0,0,1); /* 设置当前画线宽度和类型,擦除上一次的秒针 */
            line(line1[2].X1,line1[2].Y1,line1[2].X2,line1[2].Y2);
            if(flag==1)
            {
                setcolor(BLACK);
                setlinestyle(0,0,2);
                outtextxy(x-22,y*2-70,buffer1);//擦除数字时钟
            }
            if(flag==2)
            {
                return;//退出
            }
        }
    }
```

最后,添加键盘控制函数 keyhandle( ),代码如下:

```
int keyhandle(int key,int flag)              /* 键盘控制 */
{
    switch(key)
    {
    case UP: flag  =1;                       //显示数字时钟
        break;
    case DOWN: flag =0;                      //去除数字时钟
        break;
    case ESC: flag =2;                       //退出系统
        break;
    }
    return flag;
}
```

至此,所有代码输入工作完成。

步骤5 程序调试。

单击 Visual C ++ 6.0 环境下的工具条中的快捷执行按钮 ! 或使用快捷键"Ctrl + F5"执行程序,程序执行结果如图3.9所示。可通过上下方向键来添加和去除数字时钟,或按"Esc"键退出。

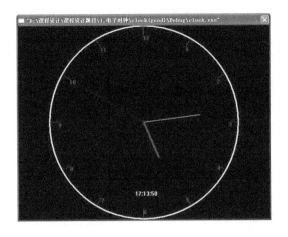

图 3.9

3.2 实例2 计算器程序

本实例的内容是设计一个计算器程序,要求可以实现普通的数学运算(如加法、减法、乘法、除法、求算术平方根、倒数)及数据存储的功能;设计和实际计算器相近的用户界面,数据的输出结果显示在界面上。计算器程序可采用基于 Win32 控制台的程序构建,下面对这种方法进行详细介绍。

3.2.1 设计目的

1.掌握结构体数组的基本工作原理和工作方式;

2.熟练掌握 C 语言图形函数库的使用;

3.熟悉 C 语言常用算术函数的使用;

4.掌握 C 语言控制台程序中键盘的操作;

5.熟悉函数的设计及调用。

3.2.2 基本要求

1.可以模拟生活中实际的计算器,可以实现加法、减法、乘法、除法、倒数、求算术平方根、存储临时数据、读取临时数据等功能;

2.可以对键盘输入进行响应,通过键码值判断出 0 ~ 9 的数字,以及" + "" – "" * ""/"" = "等符号的键盘输入;

3.用结构体来定义按钮的特征,存储按钮的尺寸及标题;

4.编写好的计算器程序运行后,应实现类似图 3.10 的功能界面。

图 3.10

3.2.3 设计结构及算法分析

在进行程序设计时,选择一种合理的数据存储结构是非常关键的。根据题目要求,本实例采用结构体数组来存放按钮的特征,如尺寸、标题和状态等。

1. 存储结构

将按钮的外观及尺寸特征当作一个数组元素,则数组为结构体数组,结构体类型如下:

```
struct Block
{
    int    left,top,width,height;        /* 左上坐标、宽、高 */
    char   caption[50];                   /* 标题 */
    int    fontcolor,fontsize,status;     /* 字体颜色、字体大小、状态 */
};
```

2. main()主函数

本程序采用模块化设计,功能放在各模块函数中实现。主函数是程序的入口,在其中对图形系统进行初始化,然后依次调用各功能函数。

3. InitUI()函数 ——初始化计算器图形界面

此函数设置计算器初始化界面,在函数中设置主窗口、文本框、标签、命令按钮的外观及尺寸属性值,并根据属性值在控制台中绘出主窗口、文本框、标签、命令按钮。

4. CommandButton_KeyboardDown()函数 ——按下某键时所做的操作

此函数为按下某键时所做的操作,使用与初始时不同的边框颜色重绘此命令按钮,使按钮呈现被按下的效果。

5. CommandButton_KeyboardUp()函数 ——当按键处理完后,恢复按钮状态

此函数为按钮抬起时所做的操作,用来恢复按钮状态,使按钮被按完后动态显示恢复原状。

6. CommandButton_Click()函数 ——处理相应按键操作

此函数为程序的主要函数,主要功能为响应用户的输入并根据用户的输入来构建运算的表达式。当有键被按下时,进行判断分类;判断第一个运算对象,第二个运算对象,或运算符输入,或" = "输出;根据输入构建运算的式子,得出运算结果。其中运算对象为输入的"0～9"数字字符,运算符包括" + "" - "" * ""/""r(倒数)""@(平方根)""%(百分数)"等。

7. CommandButton()函数 ——设置和显示单个按钮

此函数以结构体作为参数,用于设置和显示单个按钮。按钮根据按下与否在白色和灰色之间切换。

8. DoubleRun()函数 ——四则运算

此函数用于进行四则运算,根据输入的运算符进行加减乘除运算并判断运算合理性。

9. SingleRun()函数 ——单运算

此函数处理单目运算符运行,包括开平方、求倒数、求百分数,并判断运算合理性。

10. StoreSet()函数 ——记忆存储操作

此函数为记忆存储操作,包括"Ctrl"键 + "C"键(清除记忆器中的数值)、"Ctrl"键 + "R"键(读取记忆器中的数值)、"Ctrl"键 + "M"键(将当前数值写入记忆器中)、"Ctrl"键

+ "S"键(将当前数值和记忆器中保存的数值相加)。

11. Resetbuf( )函数 —— 内存清除功能

用于清除计算时的内存。

12. 按键值的设置

```
#define NUM0          48   /* 键盘区上数字键 0 */
#define NUM1          49   /* 键盘区上数字键 1 */
#define NUM2          50   /* 键盘区上数字键 2 */
#define NUM3          51   /* 键盘区上数字键 3 */
#define NUM4          52   /* 键盘区上数字键 4 */
#define NUM5          53   /* 键盘区上数字键 5 */
#define NUM6          54   /* 键盘区上数字键 6 */
#define NUM7          55   /* 键盘区上数字键 7 */
#define NUM8          56   /* 键盘区上数字键 8 */
#define NUM9          57   /* 键盘区上数字键 9 */
#define NUMPNT        46   /* 键盘区上 . 键 */
#define NUMADD        43   /* 键盘区上 + 键 */
#define NUMSUB        45   /* 键盘区上 - 键 */
#define NUMMUL        42   /* 键盘区上 * 键 */
#define NUMDIV        47   /* 键盘区上 / 键 */
#define NUMEQU        61   /* 键盘区上 = 键 */
#define SQR           64   /* @ 键,求平方根 */
#define KEYR          114  /* r 键,取倒数 */
#define PERCENT       37   /* % 键,求百分数 */
#define DEL           83   /* Del 键 */
#define ESC           27   /* Esc 键 */
#define BACKSPACE     8    /* 退格 键 */
#define F9            95   /* F9 键,正负数变换 */
#define CTRL_C        3    /* Ctrl 键 + C 键,清除记忆器中的数值 */
#define CTRL_R        18   /* Ctrl 键 + R 键,读取记忆器中的数值 */
#define CTRL_M        19   /* Ctrl 键 + M 键,将当前数值写入记忆器中 */
#define CTRL_S        13   /* Ctrl 键 + S 键,将当前数值和记忆器中保存的数值相加 */
#define ALT_X         24   /* Alt 键 + X 键 */
```

3.2.4 程序执行流程图

整个程序执行的流程如图 3.11 所示。

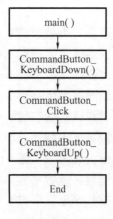

图 3.11

3.2.5 基于 Win32 控制台的 C 语言程序设计详细步骤

步骤1 建立一个工程。

在 Visual C++6.0 的集成开发环境下，单击"File"（文件）菜单项，然后选择其子菜单项 "New"（新建），如图 3.12 所示。

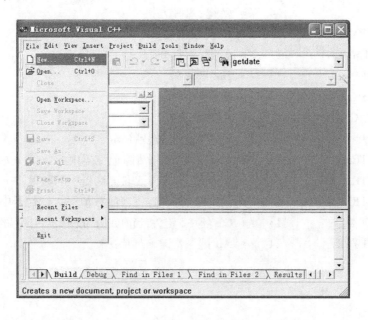

图 3.12

屏幕上会弹出"New"（新建）对话框，如图 3.13 所示。单击对话框上方的"Projects"（工程）选项卡，在其下方列表中选择"Win32 Console Application"选项，在右侧的"Project name"（工程名）文本框中输入工程名"Calculator"，在"Location"（目录）文本框中输入工程文件存放的目录"C:\Calculator",然后单击"OK"按钮。

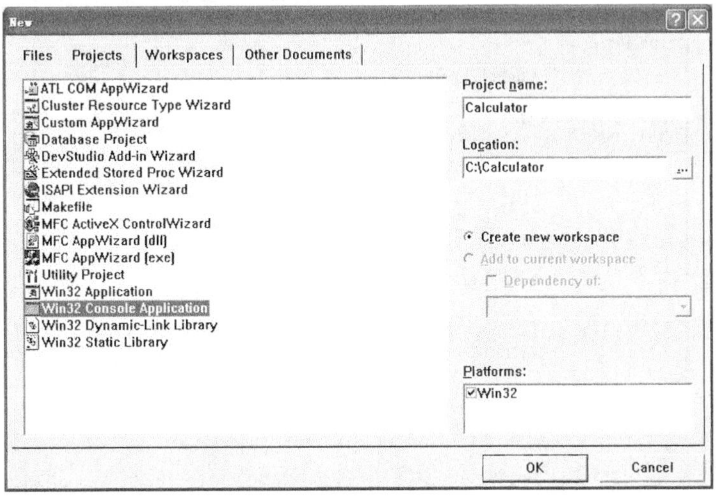

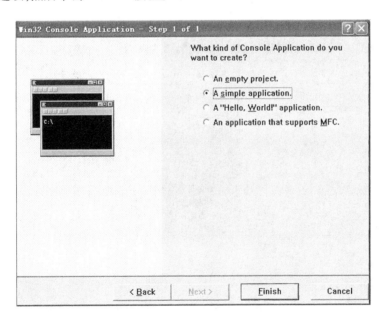

图 3.13

单击"OK"按钮,会弹出如图 3.14 所示的界面,为了方便编程,选择"A simple application"选项,然后单击"Finish"按钮。

图 3.14

单击"Finish"按钮,会弹出如图 3.15 所示的界面,界面中包含了建立的工程文件的头文件及路径等信息。

单击"OK"按钮,则进入了一个简单的 C 语言 Win32 控制台程序的集成开发界面,如图 3.16所示。

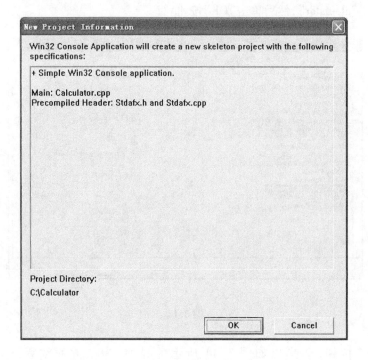

图 3.15

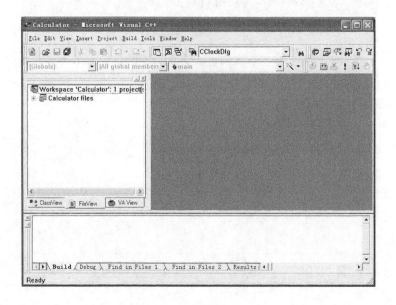

图 3.16

　　左侧窗口为工程管理窗口,选择"FileView"选项卡,通过点击"＋"可打开工程的文件目录列表,工程的很多操作都需要通过此窗口进行。通过双击列表中的"Calculator. cpp"文件名,可在中央的编辑窗口中打开该文件,如图 3.17 所示。此文件中只包含一个主函数 main()框架。

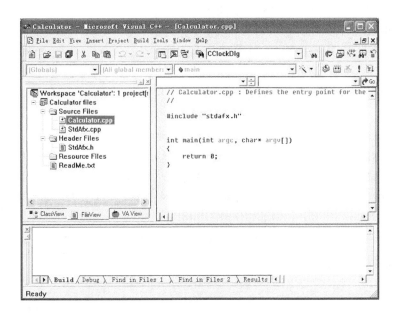

图 3.17

步骤 2 在打开的"Calculator. cpp"文件的上部,添加程序头文件和预定义。

#include < graphics. h >

#include < stdio. h >

#include < math. h >

#include < conio. h >

#define NUM0	48	/* 键盘区上数字键 0 */
#define NUM1	49	/* 键盘区上数字键 1 */
#define NUM2	50	/* 键盘区上数字键 2 */
#define NUM3	51	/* 键盘区上数字键 3 */
#define NUM4	52	/* 键盘区上数字键 4 */
#define NUM5	53	/* 键盘区上数字键 5 */
#define NUM6	54	/* 键盘区上数字键 6 */
#define NUM7	55	/* 键盘区上数字键 7 */
#define NUM8	56	/* 键盘区上数字键 8 */
#define NUM9	57	/* 键盘区上数字键 9 */
#define NUMPNT	46	/* 键盘区上 . 键 */
#define NUMADD	43	/* 键盘区上 + 键 */
#define NUMSUB	45	/* 键盘区上 - 键 */
#define NUMMUL	42	/* 键盘区上 * 键 */
#define NUMDIV	47	/* 键盘区上 / 键 */
#define NUMEQU	61	/* 键盘区上 = 键 */
#define SQR	64	/* @键,求平方根 */

```
#define KEYR         114     /* r 键,取倒数 */
#define PERCENT      37      /* % 键,求百分数 */
#define DEL          83      /* Del 键 */
#define ESC          27      /* Esc 键 */
#define BACKSPACE    8       /* 退格键 */
#define F9           95      /* F9 键,正负数变换 */
#define CTRL_C       3       /* Ctrl 键 + C 键,清除记忆器中的数值 */
#define CTRL_R       18      /* Ctrl 键 + R 键,读取记忆器中的数值 */
#define CTRL_M       19      /* Ctrl 键 + M 键,将当前数值写入记忆器中 */
#define CTRL_S       13      /* Ctrl 键 +S 键,将当前数值和记忆器中保存的数值相加 */
#define ALT_X        24      /* Alt 键 + X 键 */
```

步骤3　在主函数上面添加函数定义、变量定义及结构体定义,代码如下:

```
/* 计算器界面结构体 */
struct Block
{
    int left,top,width,height;      /* 左上坐标、宽、高 */
    char caption[50];               /* 标题 */
    int fontcolor,fontsize,status;  /* 字体颜色、字体大小、状态 */
};
struct Block frmmain,txtscreen,lblstore,cmdbutton[28];
/* 定义主窗口、文本输入框、记忆标签、28[0～27]个按钮 */
void CommandButton(struct Block cmdbutton); /* 显示 cmdbutton[i]命令按钮 */
void CommandButton_KeyboardDown(int i);
void CommandButton_KeyboardUp(int key);
int clickflag;                  /* clickflag:按键标志, */
int top,pointflag,digitkeyhit;  /* top:保存缓冲区中的当前位数,pointflag:小数点标记,
                                   digitkeyhit:数字键按键标记 */
int pos;                        //textbox 位置
int operatoror,runflag,ctnflag; /* operatoror:操作符,runflag:运算标记,ctnflag:运算符标
                                   记 */
int errorflag;                  /* 错误标记 */
double num1,num2,store;         /* num1:操作数 1,num2:操作数 2,store:记忆变量 */
char strbuf[33];                /* 字符缓冲区,用于保存一个操作数 */
void CommandButton_Click(int key); /* 按键盘时所做的操作 */
void DoubleRun();               /* 四则运算:加减乘除 */
void SingleRun(int operatoror); /* 单运算 */
void Resetbuf();                /* 重置缓冲区 */
void StoreSet(int key);         /* 定义记忆存储操作 */
void InitUI();                  /* 初始化程序 */
```

步骤4　添加 main()函数的实现部分及其他功能函数,代码如下:

```
int main(int argc, char * argv[])
{
    int driver, mode = 0;
    int key = -1;
    driver = DETECT;                     /* 自动检测显示设备 */
    initgraph(&driver, &mode, "");    /* 初始化图形系统 */
    InitUI();
    while(1)
    {
        key = getch();
        switch(key)       /* 捕获相应的键盘按键并匹配到计算器按键上 */
        {
        case NUM0:                    key = 10; break;
        case NUM1:                    key = 1; break;
        case NUM2:                    key = 2; break;
        case NUM3:                    key = 3; break;
        case NUM4:                    key = 4; break;
        case NUM5:                    key = 5; break;
        case NUM6:                    key = 6; break;
        case NUM7:                    key = 7; break;
        case NUM8:                    key = 8; break;
        case NUM9:                    key = 9; break;
        case F9:                      key = 11; break;
        case NUMPNT:                  key = 12; break;
        case NUMADD:                  key = 13; break;
        case NUMSUB:                  key = 14; break;
        case NUMMUL:                  key = 15; break;
        case NUMDIV:                  key = 16; break;
        case SQR:                     key = 17; break;
        case PERCENT:                 key = 18; break;
        case KEYR:                    key = 19; break;
        case NUMEQU:                  key = 20; break;
        case CTRL_C:                  key = 21; break;
        case CTRL_R:                  key = 22; break;
        case CTRL_M:                  key = 23; break;
        case CTRL_S:                  key = 24; break;
        case BACKSPACE:               key = 25; break;
        case DEL:                     key = 26; break;
        case ESC:                     key = 27; break;
        case ALT_X:                   key = 0; break;
```

```
                default：                    key = -1;break;
                }
            if(key < 0) continue;
            /*若对应的按键返回负数,则返回到 while(1)处执行*/
            CommandButton_KeyboardDown(key);
            /*为了在计算器上显示按键效果,在此函数中改变一些按钮的状态值*/
            CommandButton_Click(key);
            Sleep(100);      /*为了突出按键效果,此处延时 100 毫秒*/
            CommandButton_KeyboardUp(key);
            /*在处理完此按键后,要恢复按钮的状态值*/
        }
    getch();
    closegraph();
    return 0;
}
```

添加完主函数之后,继续添加 CommandButton( )函数,代码如下:

```
void CommandButton(struct Block cmdbutton)   /*设置和显示单个按钮*/
{    /*(x1,y1),(x2,y2)为主窗口中的相对坐标*/
    int x1 = cmdbutton.left + frmmain.left;
    int y1 = cmdbutton.top + frmmain.top;
    int x2 = cmdbutton.width + x1;
    int y2 = cmdbutton.height + y1;
    int c1,c2;
    /*按钮的初始状态为1,若有键按下,其状态变为0,处理完按键操作后,又恢复
    为状态 1 */
    if(cmdbutton.status)
    /*根据按钮的当前状态值,分别用不同颜色的边框来重绘此按钮*/
    {      c1 = WHITE;   /*白色*/
    c2 = DARKGRAY;       /*深灰色*/
    }
    else                 /*若刚有键按下*/
    {      c1 = DARKGRAY;
    c2 = WHITE;
    }
    setcolor(c2);
    line(x2,y1,x2,y2);
    line(x1,y2,x2,y2);
    outtextxy((x1 + x2)/2 - 10,(y1 + y2)/2 - 6,cmdbutton.caption);
    setcolor(c1);
    line(x1,y1,x2,y1);
```

```
        line(x1,y1,x1,y2);
}
```

继续添加 CommandButton_KeyboardDown( )函数,代码如下:

```
void CommandButton_KeyboardDown(int i)/* 按下某键时所做的操作 */
{
    clickflag = TRUE;                  /* 键盘点击标志 */
    cmdbutton[i].status = 0;
    CommandButton(cmdbutton[i]);       /* 用与初始时不同的边框颜色,重绘此命令按
                                          钮 */
}
```

然后继续添加 CommandButton_KeyboardUp( )函数,代码如下:

```
void CommandButton_KeyboardUp(int key)/* 当按键处理完后,恢复按钮状态,重绘按
                                          钮 */
{
    clickflag = FALSE;
    cmdbutton[key].status = 1;
    CommandButton(cmdbutton[key]);
}
```

然后继续添加 CommandButton_Click( )函数,代码如下:

```
void CommandButton_Click(int key)          /* 处理相应按键操作 */
{
    int x1,x2,y1,y2;
    if(errorflag == TRUE)    return;
    switch(key)
    {   case 1:case 2:case 3:case 4:case 5:case 6:case 7:case 8:case 9:    /* 1-9 */
    if(top < 15) /* 单个操作数小于 15 位 */
    {    strbuf[top ++] = '0' + key;
        /* '0' + key 表示的是从字符 1 开始,若没有 '0' + 则存储的是 key 字符的 AscⅡ码 */
    strbuf[top] = 0;
    digitkeyhit = TRUE;                /* 表示已有数字键按下 */
    strcpy(txtscreen.caption,strbuf);  /* 在文本框中显示 */
    }
    runflag = FALSE;                   /* 运算标记为假 */
    if(ctnflag == FALSE) operatoror = 0;
    break;
    case 10:      /* 0 输入 */
        if(top < 15&&top! = 1)
        {    strbuf[top ++] = '0';
        strbuf[top] = 0;
        strcpy(txtscreen.caption,strbuf);
```

```
                }
            digitkeyhit = TRUE;
            runflag = FALSE;
            if( ctnflag == FALSE) operatoror = 0;
            break;
    case 11:        / * 正负互换 * /
            if( digitkeyhit == TRUE)
            {       strbuf[ 0 ] = strbuf[ 0 ] == '  '?' -':'  ';
            strcpy( txtscreen. caption,strbuf) ;
            }
            else if( runflag == TRUE)
            / * 表示没有新的输入,将之前的计算结果正负转换 * /
            {       num1 = - num2;
            sprintf( txtscreen. caption," % G",num1) ;
            }
            else    / * 原数的正负互换 * /
            {       num1 = - num1;
            sprintf( txtscreen. caption," % G",num1) ;
            }
            runflag = FALSE;
            if( ctnflag == FALSE) operatoror = 0;
            break;
    case 12:    / * 输入一个小数点 * /
            if( top == 0) / * 表示还没有输入数,保持0. 状态 * /
            {    strbuf[ top ++ ] = '0';
            strbuf[ top ++ ] = '. ';
            strbuf[ top ] = 0;
            strcpy( txtscreen. caption,strbuf) ;

            digitkeyhit = TRUE;
            runflag = FALSE;
            pointflag = TRUE;
            if( ctnflag == FALSE) operatoror = 0;
            }
            else if( top < 15&&pointflag == FALSE)
            {    strbuf[ top ++ ] = '. ';
            strbuf[ top ] = 0;
            strcpy( txtscreen. caption,strbuf) ;

            digitkeyhit = TRUE;
```

```
            runflag = FALSE;
            pointflag = TRUE;
            if( ctnflag == FALSE) operatoror = 0;
            }
        break;
case 13:case 14:case 15:case 16:    /* 四则运算加减乘除运算符 */
        if( digitkeyhit) /* 若此运算符之前已经输入了一个数 */
            num1 = atof( strbuf);
        if( ctnflag) /* 之前的输入中,已有运算符输入 */
            if( digitkeyhit == TRUE) /* 如 1 + 2 + 的情况 */
                DoubleRun( ); /* 先计算出 1 + 2 */
            else
                ;
            else /* 之前的输入中,没有运算符的输入,如 1 + 的情况 */
                if( operatoror == 0)
                    num2 = num1;
                else
                    ;
                Resetbuf( );
                operatoror = key;
                ctnflag = TRUE;
                runflag = TRUE;
                break;
case 17:case 18:case 19:        /* 单运算(开方、百分比、倒数) */
        if( digitkeyhit)
            num1 = atof( strbuf); /* num1 保存当前操作数 */
        SingleRun( key);
        Resetbuf( );
        ctnflag = FALSE;
        operatoror = 0;
        runflag = FALSE;
        break;
case 20:                    /* 获取运算结果及等于操作 */
        if( digitkeyhit) num1 = atof( strbuf);
        if( operatoror)
            DoubleRun( );        /* 将第一个操作数保存在 num2 中 */
        else
            num2 = num1;
        Resetbuf( );
        ctnflag = FALSE;
```

```
            runflag = TRUE;
            break;
case 21:case 22:case 23:case 24:   /* 关于值的保存的一些操作 */
            if( digitkeyhit)  num1 = atof( strbuf);
            StoreSet( key);
            Resetbuf( );
            break;
case 25:        /* 删除数字的整数部分的最后一位数( Backspace 键) */
            if( top > 1)
                if( strbuf[ - - top] == '. ')
                {   if( strbuf[ 1] == '0'&&strbuf[ 2] == '. ')
                strbuf[ - - top] = 0;
                else
                    strbuf[ top] = 0;
                pointflag = FALSE;
                }
                else
                    strbuf[ top] = 0;
                operatoror = 0;
                ctnflag = FALSE;
                runflag = FALSE;
                strcpy( txtscreen. caption, strbuf);
                break;
    case 26:        /* 清除当前显示的值( Del 键) */
        Resetbuf( );
        num1 = 0;
        strcpy( txtscreen. caption, strbuf);
        break;
        case 27:   /* 清除所有的值,包括存储的及已经运算了的值( Esc 键) */
        Resetbuf( );
        num1 = num2 = 0;
        ctnflag = FALSE;
        operatoror = 0;
        runflag = FALSE;
        errorflag = FALSE;
        strcpy( txtscreen. caption, "0. ");

        x1 = txtscreen. left + frmmain. left;
        y1 = txtscreen. top + frmmain. top;
        x2 = txtscreen. width + x1;
```

```
        y2 = txtscreen. height + y1 ;

        setfillstyle(SOLID_FILL,WHITE) ;
        bar(x1 + 1,y1 + 1,x2 - 1,y2 - 1) ;
        /* 接下来画这个文本框的边框线 */
        setcolor(LIGHTGRAY) ;
        rectangle(x1 + 1,y1 + 1,x2 - 1,y2 - 1) ;
        setcolor(DARKGRAY) ;
        line(x1,y1,x2,y1) ;
        line(x1,y1,x1,y2) ;
        setcolor(WHITE) ;
        line(x2,y1,x2,y2) ;
        line(x1,y2,x2,y2) ;
        setcolor(txtscreen. fontcolor) ; /* 设置文本框的字体颜色 */
        pos = strlen(txtscreen. caption) ;
        outtextxy(x2 - 10 - pos * 8,(y1 + y2)/2 - 6,txtscreen. caption) ;
        /* 在指定位置显示 txtbox. caption 的字符串值 */
        break ;
case 0:
        cleardevice( ) ;     /* 清除图形屏幕 */
        closegraph( ) ;     /* 关闭图形系统 */
        exit(0) ;
        break ;}
        if( errorflag == FALSE)
        {   if( atof( txtscreen. caption) == 0)
        strcpy( txtscreen. caption,"0") ;
        if( strchr( txtscreen. caption,'. ') == NULL)
            strcat( txtscreen. caption,". ") ;
        }
        x1 = txtscreen. left + frmmain. left;
        y1 = txtscreen. top + frmmain. top;
        x2 = txtscreen. width + x1 ;
        y2 = txtscreen. height + y1 ;

        setfillstyle(SOLID_FILL,WHITE) ;
        bar(x1 + 1,y1 + 1,x2 - 1,y2 - 1) ;
        /* 接下来画这个文本框的边框线 */
        setcolor(LIGHTGRAY) ;
        rectangle(x1 + 1,y1 + 1,x2 - 1,y2 - 1) ;
        setcolor(DARKGRAY) ;
```

```
        line(x1,y1,x2,y1);
        line(x1,y1,x1,y2);
        setcolor(WHITE);
        line(x2,y1,x2,y2);
        line(x1,y2,x2,y2);
        setcolor(txtscreen.fontcolor);  /*设置文本框的字体颜色*/
        pos = strlen(txtscreen.caption);
        outtextxy(x2 - 10 - pos * 8,(y1 + y2)/2 - 6,txtscreen.caption);
        /*在指定位置显示 txtbox.caption 的字符串值*/
}
```

然后继续添加 DoubleRun( )函数,添加代码如下:

```
void DoubleRun( )  /*四则运算*/
{
    switch(operatoror)
    {
    case 13: num2 + = num1; break;       /*加*/
    case 14: num2 - = num1; break;       /*减*/
    case 15: num2 * = num1; break;       /*乘*/
    case 16:
        if(num1 == 0)                    /*除*/
                errorflag = TRUE;
        else
            num2/ = num1;
        break;
    }
    if(errorflag)
        strcpy(txtscreen.caption,"Can't divide by zero!");
    else
        sprintf(txtscreen.caption,"% G",num2);
}
```

然后继续添加 SingleRun( )函数,添加代码如下:

```
void SingleRun(int key)/*单运算*/
{
    switch(key)
    {
    case 17:            /*求开方*/
        if(num1 < 0)
                errorflag = TRUE;
        else
                num1 = sqrt(num1);
```

```
            break;
    case 18:              /* 求百分比 */
        num1 / = 100;
        break;
    case 19:              /* 求倒数 */
        if( num1 == 0 )
            errorflag = TRUE;
        else
            num1 = 1/num1;
        break;
    }
    if( errorflag == TRUE )
        if( num1 < 0 )
            strcpy( txtscreen. caption,"Can't blower than zero!" );
        else
            strcpy( txtscreen. caption,"Can't equal to zero!" );
        else
            sprintf( txtscreen. caption,"% G" ,num1 );
}
```

然后继续添加 StoreSet( ) 函数,添加代码如下:

```
void StoreSet( int key )      /* 记忆存储操作 */
{
    int x1,x2,y1,y2;
    switch( key )
    {   case 21:              /* 保存清除 */
        store = 0;
        lblstore. caption[0] = 0;
        break;
    case 22:              /* 取出保存的值 */
        num1 = store;
        sprintf( txtscreen. caption,"% G" ,store );
        runflag = FALSE;
        if( ctnflag == FALSE ) operatoror = 0;
        break;
    case 23:              /* 保存当前数字 */
        store = num1;
        strcpy( lblstore. caption,"M" );
        break;
    case 24:              /* 保存值与当前数字相加 */
        store + = num1;
```

```
                strcpy(lblstore.caption,"M");
                break;
        }
        x1 = lblstore.left + frmmain.left;
        y1 = lblstore.top + frmmain.top;
        x2 = lblstore.width + x1;
        y2 = lblstore.height + y1;
        setfillstyle(SOLID_FILL,LIGHTGRAY);
        bar(x1 + 1,y1 + 1,x2 - 1,y2 - 1);
        setcolor(DARKGRAY);
        line(x1,y1,x2,y1);
        line(x1,y1,x1,y2);
        setcolor(WHITE);
        line(x2,y1,x2,y2);
        line(x1,y2,x2,y2);
        setcolor(lblstore.fontcolor);
        outtextxy((x1 + x2)/2 - 6,(y1 + y2)/2 - 6,lblstore.caption);
}
```

继续添加 Resetbuf( ) 函数,添加代码如下:

```
void Resetbuf( )
{
        strbuf[0] = ' ';
        strbuf[1] = 0;
        top = 1;
        digitkeyhit = FALSE;
        pointflag = FALSE;
}
```

继续添加 InitUI( ) 函数,添加代码如下:

```
void InitUI( )
{
        int x1,x2,y1,y2,i;
        /* 主窗口的属性设置 */
        frmmain.left = 200; frmmain.top = 100; frmmain.width = 230; frmmain.height = 235;
frmmain.fontcolor = BLACK; frmmain.fontsize = 1; strcpy(frmmain.caption,"Calculator");
frmmain.status = 1;
        /* 文本框的属性设置 */
        txtscreen.left = 10; txtscreen.top = 25; txtscreen.width = 210; txtscreen.height = 30;
txtscreen.fontcolor = BLACK; txtscreen.fontsize = 1; strcpy(txtscreen.caption,"0.");
    txtscreen.status = 1;
        /* 标签的属性设置 */
```

lblstore. left = 190 ; lblstore. top = 62 ; lblstore. width = 30 ; lblstore. height = 25 ; lblstore. fontcolor = YELLOW ; lblstore. fontsize = 1 ; strcpy(lblstore. caption , " ") ; lblstore. status = 1 ;

/ * 命令按钮的属性设置 * /

cmdbutton[1]. left = 50 − 35 ; cmdbutton[1]. top = 165 ; cmdbutton[1]. width = 30 ; cmdbutton[1]. height = 25 ; cmdbutton[1]. fontcolor = BLUE ; cmdbutton[1]. fontsize = 1 ; strcpy (cmdbutton[1]. caption , "1") ; cmdbutton[1]. status = 1 ;

cmdbutton[2]. left = 85 − 35 ; cmdbutton[2]. top = 165 ; cmdbutton[2]. width = 30 ; cmdbutton[2]. height = 25 ; cmdbutton[2]. fontcolor = BLUE ; cmdbutton[2]. fontsize = 1 ; strcpy (cmdbutton[2]. caption , "2") ; cmdbutton[2]. status = 1 ;

cmdbutton[3]. left = 120 − 35 ; cmdbutton[3]. top = 165 ; cmdbutton[3]. width = 30 ; cmdbutton[3]. height = 25 ; cmdbutton[3]. fontcolor = BLUE ; cmdbutton[3]. fontsize = 1 ; strcpy (cmdbutton[3]. caption , "3") ; cmdbutton[3]. status = 1 ;

cmdbutton[4]. left = 50 − 35 ; cmdbutton[4]. top = 130 ; cmdbutton[4]. width = 30 ; cmdbutton[4]. height = 25 ; cmdbutton[4]. fontcolor = BLUE ; cmdbutton[4]. fontsize = 1 ; strcpy (cmdbutton[4]. caption , "4") ; cmdbutton[4]. status = 1 ;

cmdbutton[5]. left = 85 − 35 ; cmdbutton[5]. top = 130 ; cmdbutton[5]. width = 30 ; cmdbutton[5]. height = 25 ; cmdbutton[5]. fontcolor = BLUE ; cmdbutton[5]. fontsize = 1 ; strcpy (cmdbutton[5]. caption , "5") ; cmdbutton[5]. status = 1 ;

cmdbutton[6]. left = 120 − 35 ; cmdbutton[6]. top = 130 ; cmdbutton[6]. width = 30 ; cmdbutton[6]. height = 25 ; cmdbutton[6]. fontcolor = BLUE ; cmdbutton[6]. fontsize = 1 ; strcpy (cmdbutton[6]. caption , "6") ; cmdbutton[6]. status = 1 ;

cmdbutton[7]. left = 50 − 35 ; cmdbutton[7]. top = 95 ; cmdbutton[7]. width = 30 ; cmdbutton[7]. height = 25 ; cmdbutton[7]. fontcolor = BLUE ; cmdbutton[7]. fontsize = 1 ; strcpy (cmdbutton[7]. caption , "7") ; cmdbutton[7]. status = 1 ;

cmdbutton[8]. left = 85 − 35 ; cmdbutton[8]. top = 95 ; cmdbutton[8]. width = 30 ; cmdbutton[8]. height = 25 ; cmdbutton[8]. fontcolor = BLUE ; cmdbutton[8]. fontsize = 1 ; strcpy (cmdbutton[8]. caption , "8") ; cmdbutton[8]. status = 1 ;

cmdbutton[9]. left = 120 − 35 ; cmdbutton[9]. top = 95 ; cmdbutton[9]. width = 30 ; cmdbutton[9]. height = 25 ; cmdbutton[9]. fontcolor = BLUE ; cmdbutton[9]. fontsize = 1 ; strcpy (cmdbutton[9]. caption , "9") ; cmdbutton[9]. status = 1 ;

cmdbutton[10]. left = 50 − 35 ; cmdbutton[10]. top = 200 ; cmdbutton[10]. width = 30 ; cmdbutton[10]. height = 25 ; cmdbutton[10]. fontcolor = BLUE ; cmdbutton[10]. fontsize = 1 ; strcpy(cmdbutton[10]. caption , "0") ; cmdbutton[10]. status = 1 ;

cmdbutton[11]. left = 85 − 35 ; cmdbutton[11]. top = 200 ; cmdbutton[11]. width = 30 ; cmdbutton[11]. height = 25 ; cmdbutton[11]. fontcolor = BLUE ; cmdbutton[11]. fontsize = 1 ; strcpy(cmdbutton[11]. caption , " + / − ") ; cmdbutton[11]. status = 1 ;

cmdbutton[12]. left = 120 − 35 ; cmdbutton[12]. top = 200 ; cmdbutton[12]. width = 30 ; cmdbutton[12]. height = 25 ; cmdbutton[12]. fontcolor = BLUE ; cmdbutton[12]. fontsize = 1 ; strcpy(cmdbutton[12]. caption , ". ") ; cmdbutton[12]. status = 1 ;

cmdbutton[13]. left = 155 − 35 ; cmdbutton[13]. top = 95 ; cmdbutton[13]. width = 30 ;

cmdbutton[13].height = 25; cmdbutton[13].fontcolor = RED; cmdbutton[13].fontsize = 1; strcpy(cmdbutton[13].caption," + ");cmdbutton[13].status = 1;

cmdbutton[14].left = 155 − 35; cmdbutton[14].top = 130; cmdbutton[14].width = 30; cmdbutton[14].height = 25; cmdbutton[14].fontcolor = RED; cmdbutton[14].fontsize = 1; strcpy(cmdbutton[14].caption," − ");cmdbutton[14].status = 1;

cmdbutton[15].left = 155 − 35; cmdbutton[15].top = 165; cmdbutton[15].width = 30; cmdbutton[15].height = 25; cmdbutton[15].fontcolor = RED; cmdbutton[15].fontsize = 1; strcpy(cmdbutton[15].caption," * ");cmdbutton[15].status = 1;

cmdbutton[16].left = 155 − 35; cmdbutton[16].top = 200; cmdbutton[16].width = 30; cmdbutton[16].height = 25; cmdbutton[16].fontcolor = RED; cmdbutton[16].fontsize = 1; strcpy(cmdbutton[16].caption,"/");cmdbutton[16].status = 1;

cmdbutton[17].left = 190 − 35; cmdbutton[17].top = 95; cmdbutton[17].width = 30; cmdbutton[17].height = 25; cmdbutton[17].fontcolor = BLUE; cmdbutton[17].fontsize = 1; strcpy(cmdbutton[17].caption,"sqr");cmdbutton[17].status = 1;

cmdbutton[18].left = 190 − 35; cmdbutton[18].top = 130; cmdbutton[18].width = 30; cmdbutton[18].height = 25; cmdbutton[18].fontcolor = BLUE; cmdbutton[18].fontsize = 1; strcpy(cmdbutton[18].caption," % ");cmdbutton[18].status = 1;

cmdbutton[19].left = 190 − 35; cmdbutton[19].top = 165; cmdbutton[19].width = 30; cmdbutton[19].height = 25; cmdbutton[19].fontcolor = BLUE; cmdbutton[19].fontsize = 1; strcpy(cmdbutton[19].caption,"1/x");cmdbutton[19].status = 1;

cmdbutton[20].left = 190 − 35; cmdbutton[20].top = 200; cmdbutton[20].width = 30; cmdbutton[20].height = 25; cmdbutton[20].fontcolor = RED; cmdbutton[20].fontsize = 1; strcpy(cmdbutton[20].caption," = ");cmdbutton[20].status = 1;

cmdbutton[21].left = 190; cmdbutton[21].top = 95; cmdbutton[21].width = 30; cmdbutton[21].height = 25; cmdbutton[21].fontcolor = RED; cmdbutton[21].fontsize = 1; strcpy(cmdbutton[21].caption,"MC");cmdbutton[21].status = 1;

cmdbutton[22].left = 190; cmdbutton[22].top = 130; cmdbutton[22].width = 30; cmdbutton[22].height = 25; cmdbutton[22].fontcolor = RED; cmdbutton[22].fontsize = 1; strcpy(cmdbutton[22].caption,"MR");cmdbutton[22].status = 1;

cmdbutton[23].left = 190; cmdbutton[23].top = 165; cmdbutton[23].width = 30; cmdbutton[23].height = 25; cmdbutton[23].fontcolor = RED; cmdbutton[23].fontsize = 1; strcpy(cmdbutton[23].caption,"MS");cmdbutton[23].status = 1;

cmdbutton[24].left = 190; cmdbutton[24].top = 200; cmdbutton[24].width = 30; cmdbutton[24].height = 25; cmdbutton[24].fontcolor = RED; cmdbutton[24].fontsize = 1; strcpy(cmdbutton[24].caption,"M + ");cmdbutton[24].status = 1;

cmdbutton[25].left = 50 − 35; cmdbutton[25].top = 60; cmdbutton[25].width = 53; cmdbutton[25].height = 25; cmdbutton[25].fontcolor = RED; cmdbutton[25].fontsize = 1; strcpy(cmdbutton[25].caption," < − ");cmdbutton[25].status = 1;

cmdbutton[26].left = 108 − 35; cmdbutton[26].top = 60; cmdbutton[26].width = 53; cmdbutton[26].height = 25; cmdbutton[26].fontcolor = RED; cmdbutton[26].fontsize = 1;

strcpy(cmdbutton[26]. caption,"Del") ;cmdbutton[26]. status = 1 ;

    cmdbutton[27]. left = 166 − 35 ;cmdbutton[27]. top = 60 ;cmdbutton[27]. width = 53 ;

cmdbutton[27]. height = 25 ; cmdbutton[27]. fontcolor = RED ; cmdbutton[27]. fontsize = 1 ;

strcpy(cmdbutton[27]. caption,"Esc") ;cmdbutton[27]. status = 1 ;

    / ∗ 设置计算器界面 ∗ /

    x1 = frmmain. left ;   / ∗ 窗口左上角的横坐标值 ∗ /

    y1 = frmmain. top ;   / ∗ 窗口左上角的纵坐标值 ∗ /

    x2 = frmmain. width + 200 ;   / ∗ 窗口右下角的横坐标值 ∗ /

    y2 = frmmain. height + 100 ;   / ∗ 窗口右下角的纵坐标值 ∗ /

    setfillstyle(SOLID_FILL,LIGHTGRAY) ; / ∗ 设置填充模式和颜色 ∗ /

    bar(x1 + 1,y1 + 1,x2 − 1,y2 − 1) ; / ∗ 画一个淡灰色的填充窗口,作为主窗口 ∗ /

    setcolor(WHITE) ;   / ∗ 设置当前画线颜色 ∗ /

    line(x1,y1,x2,y1) ;

    line(x1,y1,x1,y2) ;   / ∗ 用白线画边框左边和上边的线,美化主窗口 ∗ /

    setcolor(DARKGRAY) ;   / ∗ 设置填充模式和颜色 ∗ /

    line(x2,y1,x2,y2) ;

    line(x1,y2,x2,y2) ;   / ∗ 用深灰色画边框右边和下边的线,美化主窗口 ∗ /

    setfillstyle(SOLID_FILL,RED) ;

    bar(x1 + 2,y1 + 2,x2 − 2,y1 + 20) ;   / ∗ 设置标题栏颜色为红色 ∗ /

    setcolor(frmmain. fontcolor) ;

    outtextxy(x1 + 56,y1 + 3,frmmain. caption) ;

    / ∗ 用主窗口的颜色在标题栏显示标题 ∗ /

    strcpy(txtscreen. caption,"0. ") ;

    x1 = txtscreen. left + frmmain. left ;

    y1 = txtscreen. top + frmmain. top ;

    x2 = txtscreen. width + x1 ;

    y2 = txtscreen. height + y1 ;

    setfillstyle(SOLID_FILL,WHITE) ;

    bar(x1 + 1,y1 + 1,x2 − 1,y2 − 1) ;

    / ∗ 接下来画这个文本框的边框线 ∗ /

    setcolor(LIGHTGRAY) ;

    rectangle(x1 + 1,y1 + 1,x2 − 1,y2 − 1) ;

    setcolor(DARKGRAY) ;

    line(x1,y1,x2,y1) ;

    line(x1,y1,x1,y2) ;

    setcolor(WHITE) ;

    line(x2,y1,x2,y2) ;

    line(x1,y2,x2,y2) ;

```
setcolor(txtscreen.fontcolor);  /*设置文本框的字体颜色*/
outtextxy(x2-16,(y1+y2)/2-6,txtscreen.caption);
          /*在指定位置显示txtbox.caption的字符串值*/

strcpy(lblstore.caption,"");
x1 = lblstore.left + frmmain.left;
y1 = lblstore.top + frmmain.top;
x2 = lblstore.width + x1;
y2 = lblstore.height + y1;

setfillstyle(SOLID_FILL,LIGHTGRAY);
bar(x1+1,y1+1,x2-1,y2-1);
setcolor(DARKGRAY);
line(x1,y1,x2,y1);
line(x1,y1,x1,y2);
setcolor(WHITE);
line(x2,y1,x2,y2);
line(x1,y2,x2,y2);
setcolor(lblstore.fontcolor);
outtextxy((x1+x2)/2,(y1+y2)/2,lblstore.caption);
for(i=1;i<28;i++)  /*在计算器主窗口中显示27个按钮*/
      CommandButton(cmdbutton[i]);
}
```

至此所有代码输入工作完成。

步骤5　程序调试。

单击 Visual C++6.0 环境下的工具条中的快捷执行按钮 ！ 或使用快捷键"Ctrl+F5"，程序执行结果如图3.18所示。可通过键盘输入数字及运算符进行运算，或按"Esc"键退出。

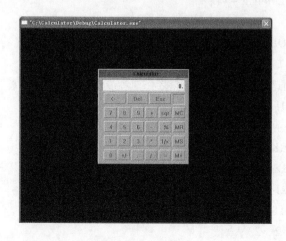

图3.18

74

3.3 实例3 学生成绩管理系统

本实例的内容是设计一个学生成绩管理系统,要求实现学生成绩信息和基本信息的录入,并具有添加、查询、删除、显示等功能;使用结构体存储学生的基本信息及考试成绩;使用链表来实现学生信息及成绩的添加、删除、查询及显示等操作。学生成绩管理系统可采用基于 Win32 控制台的程序构建,下面对这种方法进行详细介绍。

3.3.1 设计目的

1. 掌握结构体的基本工作原理和工作方式;
2. 熟悉结构体与链表的使用方法;
3. 熟悉 C 语言数据的输入与输出;
4. 熟悉函数的设计方法及调用方法。

3.3.2 基本要求

1. 实现对学生信息的查找、添加、删除、显示等功能,每个功能模块均能实现随时从模块中退出,可以通过键盘对功能进行选择,完成学生成绩管理系统的运行;
2. 使用结构体来实现对学生成绩的存储;
3. 使用链表来实现对学生信息的查找、添加、删除、浏览显示;
4. 系统设计完成后应实现类似图 3.19 所示的界面。

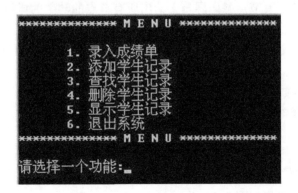

图 3.19

3.3.3 设计结构及算法分析

在进行程序设计时,选择一种合理的数据存储结构是非常关键的。根据题目要求,本实例采用结构体来存放学生的成绩信息和基本信息。

1. 存储结构

存储数据时,本实例除了采用最常用的基本类型存储外,还采用了结构体的方式来存储学生的基本信息及成绩信息。结构体如下:

```
struct stu
{
    char name[20];        //姓名
    long num;             //学号
    int math,eng,phy;     //数学、英语、体育成绩
    struct stu * next;    //链表指针
};
```

2. main()主函数

本程序采用模块化设计,功能放在各模块函数中实现。主函数是程序的入口,在其中采用循环结构,根据用户的键盘输入依次调用各功能函数。

3. mycreate()函数 ——创建链表函数

此函数将用户输入的信息存储到结构体中,并建立链表结构,函数返回链表的头指针。链表建立完成后,可根据链表的头指针来添加后续指针。

4. myadd()函数 ——增加学生信息记录函数

此函数根据用户输入的信息分配内存,将数据存储到结构体中,并建立新的链表节点链接到已经建立好的链表尾部。

5. mydelete()函数 ——删除学生信息函数

此函数根据用户输入的学生学号,在已有的链表中查找该学生信息存放的节点。如找到该学生学号对应的节点,则删除该节点,并对链表结构重新进行链接;如未找到该学生学号对应的节点,则提示用户不存在。

6. mydisplay()函数 ——显示所有用户记录函数

此函数用来遍历所有节点并向屏幕上输出所有节点的学生的详细信息。

7. displaymenu()函数 ——显示菜单函数

此函数向屏幕上输出用户可以选择的选项菜单,给用户提示信息,为用户的选择做出提示。

8. mysearch()函数 ——查找学生信息

此函数用来查找学生学号信息存在与否。如不存在则提示用户,如存在则返回该学生的链表节点。

3.3.4 程序执行流程图

整个程序执行的流程如图3.20所示。

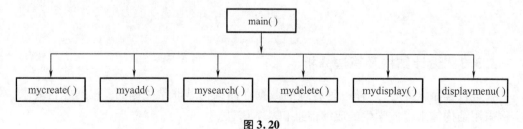

图 3.20

3.3.5　基于 Win32 控制台的 C 语言程序设计详细步骤

步骤 1　建立一个工程。

在 Visual C ++ 6.0 的集成开发环境下,单击"File"(文件)菜单项,然后选择其子菜单项"New"(新建),如图 3.21 所示。

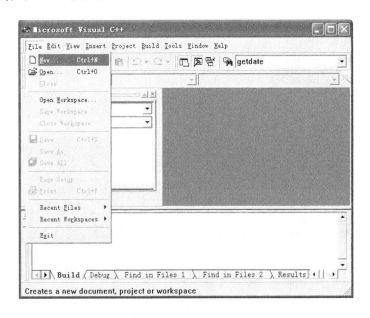

图 3.21

屏幕上会弹出"New"(新建)对话框,如图 3.22 所示。单击对话框上方的"Projects"(工程)选项卡,在其下方列表中选择"Win32 Console Application"选项,在右侧的"Project name"(工程名)文本框中输入工程名"Student",在"Location"(目录)文本框中输入工程文件存放的目录"C:\ Student",然后单击"OK"按钮。

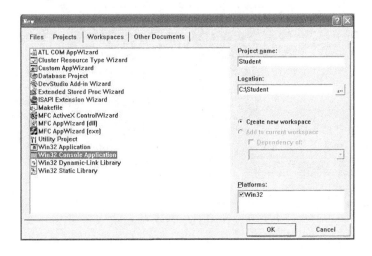

图 3.22

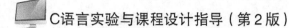

单击"OK"按钮后，会弹出如图3.23所示的界面，为了方便编程，选择"A simple application"选项，之后单击"Finish"按钮。

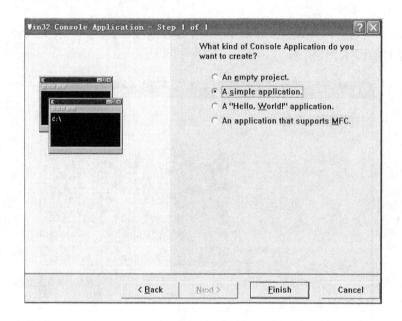

图3.23

单击"Finish"按钮后，会弹出如图3.24所示的界面，界面中包含了建立的工程文件的头文件及路径等信息。

单击"OK"按钮，则进入了一个简单的C语言Win32控制台程序的集成开发界面，如图3.25所示。

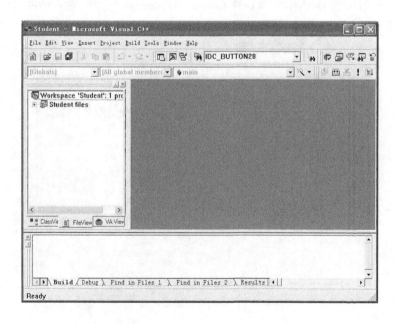

图3.25

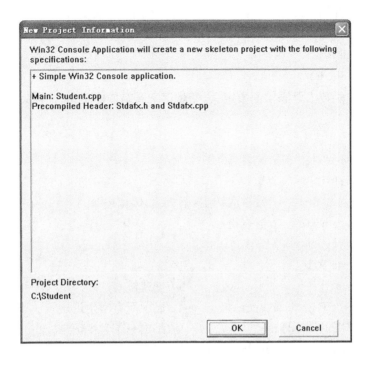

图 3.24

左侧窗口为工程管理窗口,选择"FileView"选项卡,通过点击"+"可打开工程的文件目录列表,工程的很多操作都需要通过此窗口进行。通过双击列表中的"Student.cpp"文件名,可在中央的编辑窗口中打开该文件,如图 3.26 所示。此文件中只包含一个主函数 main()框架。

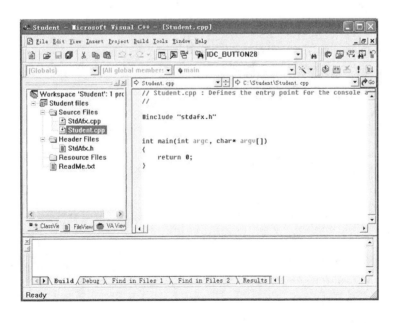

图 3.26

步骤2　在打开的"Student. cpp"文件的上部,添加程序头文件。

#include ＜stdio. h＞

#include ＜stdlib. h＞

#include ＜conio. h＞

步骤3　在主函数上面添加函数定义、变量定义及结构体定义,代码如下:

```
struct stu
{
    char name[20];      //姓名
    long num;           //学号
    int math,eng,phy;   //数学成绩、英语成绩、体育成绩
    struct stu * next;  //链表指针
};
typedef struct stu STU;
STU * mycreate( );                      //创建链表
void mydisplay(STU * head);             //显示所有学生记录
void myadd(STU * head);                 //添加一条学生记录
STU * mysearch(STU * head,long num);    //按照学号查找学生记录
void mydelete(STU * head,long num);     //删除学号对应的学生记录
void displaymenu( );                    //显示程序提示菜单
```

步骤4　添加 main( )函数的实现部分及其他功能函数,代码如下:

```
    STU * head = NULL, * p;
    long num;
    int select;
    while(1)
    {
        displaymenu( );    //显示功能菜单
        printf("请选择一个功能:");
        scanf("% d", &select);
        switch( select )
        {
        case 1:        // 录入成绩单
            head = mycreate( );
            mydisplay(head);
            break;
        case 2:        //添加学生记录
            myadd(head);
            mydisplay(head);
            break;
        case 3:        //查找学生记录
            printf("请输入要查找的学生的学号:");
```

```
            scanf("%ld",&num);
            p=mysearch(head,num);
            if(p! =NULL)
                printf("%ld %s %d %d %d ",p->num,p->name,p->math,p->
                eng,p->phy);
            else
                printf("没找到!");
            break;
        case 4:        //删除学生记录
            printf("请输入要删除的学生的学号:");
            scanf("%ld",&num);
            mydelete(head,num);
            mydisplay(head);
            break;
        case 5:        //显示学生记录
            mydisplay(head);
            break;
        case 9:        //退出系统
            exit(0);
        default:       //输入错误的功能选项
            printf("选择功能错误,请重新选择。\n");
            break;
        }
        printf("按任意键继续……\n");
        getch();
    }
    return 0;
```

继续添加函数代码,添加创建链表函数 mycreate( ),代码如下:

```
STU *mycreate()
{
    STU *head,*p,*q;
    long num;
    head=(STU *)malloc(sizeof(STU));
    q=head;
    do
    {
        printf("请输入学号 姓名 数学成绩 英语成绩 体育成绩(学号输入 0 代表结
        束):\n");
        scanf("%ld",&num);
        if(num==0)    break;
```

```
        p = (STU * ) malloc(sizeof(STU)) ;
        scanf("% s% d% d% d" ,p -> name ,&p -> math ,&p -> eng ,&p -> phy) ;
        p -> num = num ;
        q -> next = p ;
        q = p ;
    } while(1) ;
    q -> next = NULL ;
    return head ;
}
```

继续添加函数代码,添加增加学生信息记录函数 myadd( ),代码如下:

```
void myadd(STU * head)
{
    STU * p ;
    p = (STU * ) malloc(sizeof(STU)) ;
    printf("请输入学号 姓名 数学成绩 英语成绩 体育成绩:") ;
    scanf("% ld% s% d% d% d" ,&p -> num ,p -> name ,&p -> math ,&p -> eng ,&p ->
    phy) ;
    p -> next = head -> next ;
    head -> next = p ;
}
```

继续添加函数代码,添加删除学生信息记录函数 mydelete( ),代码如下:

```
void mydelete(STU * head ,long num)
{
    STU * p ,* q ;
    q = head ;
    p = head -> next ;
    while(p!  = NULL)
    {
        if(p -> num == num)
        {
            q -> next = p -> next ;
            free(p) ;
            break ;
        }
        q = p ;
        p = p -> next ;
    }
    return ;
}
```

继续添加函数代码,添加删除学生信息记录函数 mysearch( ),代码如下:

```
STU  * mysearch( STU  * head , long num)
{
    STU  * p;
    p = head -> next;
    while( p!  = NULL)
    {
        if( p -> num == num)
            break;
        p = p -> next;
    }
    return p;
}
```

继续添加函数代码,添加显示所有用户记录函数 mydisplay( ),代码如下:

```
void mydisplay( STU  * head)
{
    STU  * p;
    p = head -> next;
    while( p!  = NULL)
    {
        printf( "% ld % s % d % d % d\n" , p -> num, p -> name, p -> math, p -> eng,
        p -> phy) ;
        p = p -> next;
    }
}
```

继续添加函数代码,添加显示菜单函数 displaymenu( ),代码如下:

```
void displaymenu( )
{
    system( "cls") ;
    printf( " ************M E N U************ \n\n") ;
    printf( "          1. 录入成绩单\n") ;
    printf( "          2. 添加学生信息记录\n") ;
    printf( "          3. 查找学生信息记录\n") ;
    printf( "          4. 删除学生信息记录\n") ;
    printf( "          5. 显示学生信息记录\n") ;
    printf( "          6. 退出系统\n") ;
    printf( " ************M E N U************ \n\n") ;
}
```

至此所有代码输入工作完成。

步骤5　程序调试。

单击 Visual C ++ 6.0 环境下的工具条中的快捷执行按钮 ┇ 或使用快捷键"Ctrl +

F5"执行程序,按照提示菜单输入选择键就可以进行相应操作。程序执行结果如图 3.27所示。

图 3.27

3.4　实例4　贪食蛇程序

本实例的内容是设计一个贪食蛇程序,要求蛇可以在屏幕内横、纵向移动,食物随机投放到屏幕上,当蛇吃到食物的时候,蛇体增长一节,游戏成绩动态地显示在屏幕上;蛇的移动由键盘输入,通过方向键控制,并且可以通过键盘控制游戏速度;蛇的位置等信息和食物的位置等信息由结构体存放,游戏需要根据蛇长及边界判断游戏是否结束。贪食蛇程序可采用基于 Win32 控制台的程序构建,下面对这种方法进行详细介绍。

3.4.1　设计目的

1. 掌握结构体的基本工作原理和工作方式;
2. 熟练掌握 C 语言图形函数库的使用;
3. 掌握 C 语言控制台程序中键盘的操作及键码值;
4. 熟悉 C 语言数据的输入与输出;
5. 熟悉函数的设计方法及调用方法;
6. 了解 C 语言随机函数的使用。

3.4.2　基本要求

1. 可以根据键盘方向键的输入控制蛇体的移动,食物由随机函数随机地投到屏幕上,当蛇吃到食物时蛇体增长一节,游戏的成绩动态地显示在屏幕上;
2. 游戏的速度可通过键盘"PgDn"键和"PgUp"键调整游戏速度,并且实时地判断游戏是否结束;
3. 使用结构体来实现对蛇的信息的存储和对食物的信息的存储;
4. 系统设计完成后应实现类似图3.28所示的界面。

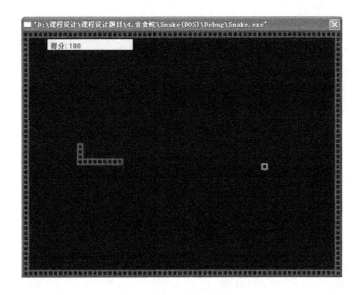

图 3.28

3.4.3 设计结构及算法分析

在进行程序设计时,选择一种合理的数据存储结构是非常关键的。根据题目要求,本实例采用结构体来存储蛇的信息,如坐标、节数、是否存活等;食物信息也用结构体来存储,如坐标、是否需要食物。

1. 存储结构

将蛇的信息作为一个整体存储为结构体类型,存储蛇的信息的结构体类型如下:

```
struct Snake
{
    int x[N];
    int y[N];
    int node;/*蛇的节数*/
    int direction;/*蛇的移动方向*/
    int life;/*蛇的生命,0活着,1死亡*/
}snake;
```

存储食物信息的结构体类型如下:

```
struct Food
{
    int x;/*食物的横坐标*/
    int y;/*食物的纵坐标*/
    int yes;/*判断是否要出现食物的变量*/
}food;/*食物的结构体*/
```

2. main()主函数

本程序采用模块化设计,各功能放在各模块函数中实现。主函数是程序的入口,在其中对图形系统进行初始化,然后依次调用各功能函数。

3. Init( )函数 ——图形系统初始化函数

此函数完成对图形系统的检测,并初始化图形系统。

4. DrawK( )函数 ——画游戏围墙

此函数用来画游戏的边界,首先获取图形输出的最大尺寸,然后根据尺寸画游戏的边界围墙,美化外观。

5. GamePlay( )函数 ——程序的核心函数

此函数是贪食蛇游戏的核心函数,首先随机产生食物,然后检测键盘输入,根据键码控制蛇的移动,并随时判断游戏规则决定游戏是否结束。

6. PrScore( )函数 ——输出成绩函数

此函数用来向屏幕上输出游戏成绩,并绘画出成绩输出框。

7. GameOver( )函数 ——输出游戏结束字符

略。

8. Close( )函数 ——关闭图形系统

略。

3.4.4　程序执行流程图

整个程序执行的流程如图 3.29 所示。

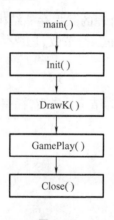

图 3.29

3.4.5　基于 Win32 控制台的 C 语言程序设计详细步骤

步骤 1　建立一个工程。

在 Visual C++6.0 的集成开发环境下,单击"File"(文件)菜单项,然后选择其子菜单项"New"(新建),如图 3.30 所示。

屏幕上会弹出"New"(新建)对话框,如图 3.31 所示。单击对话框上方的"Projects"(工程)选项卡,在其下方列表中选择"Win32 Console Application"选项,在右侧的"Project name"(工程名)文本框中输入工程名"Snake",在"Location"(目录)文本框中输入工程文件存放的目录"C:\ Snake",然后单击"OK"按钮。

单击"OK"按钮后,会弹出如图 3.32 所示的界面,为了方便编程,选择"A simple

application"选项,然后单击"Finish"按钮。

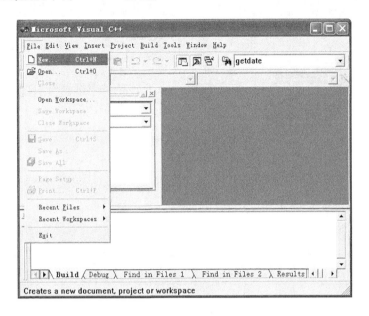

图 3.30

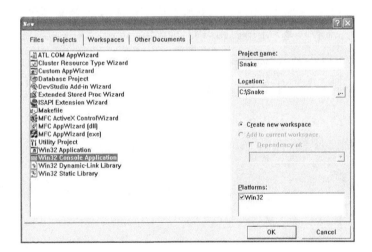

图 3.31

　　单击"Finish"按钮后,会弹出如图 3.33 所示的界面,界面中包含了建立的工程文件的头文件及路径等信息。

　　单击"OK"按钮,则进入了一个简单的 C 语言 Win32 控制台程序的集成开发界面,如图 3.34 所示。

　　左侧窗口为工程管理窗口,选择"FileView"选项卡,通过点击" + "可打开工程的文件目录列表,工程的很多操作都需要通过此窗口进行。通过双击列表中的"Snake. cpp"文件名,可在中央的编辑窗口中打开该文件,如图 3.35 所示。此文件中只包含一个主函数 main( )框架。

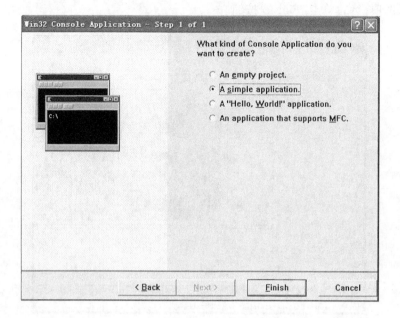

图 3. 32

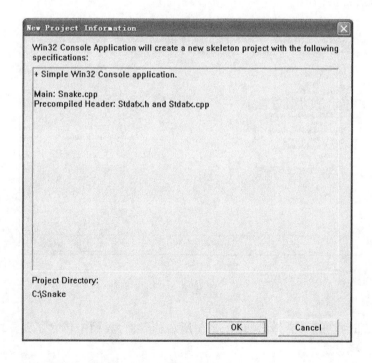

图 3. 33

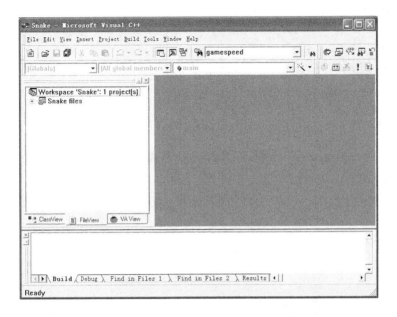

图 3.34

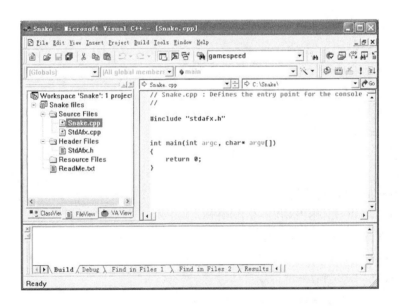

图 3.35

步骤 2 在打开的"Snake. cpp"文件的上部,添加程序头文件及预定义。

#include ＜graphics. h＞

#include ＜conio. h＞

#include ＜stdio. h＞

#include ＜time. h＞

#define LEFT   75   /＊方向键左＊/

```
#define RIGHT          77        /*方向键右*/
#define DOWN           80        /*方向键下*/
#define UP             72        /*方向键上*/
#define SPEEDUP        73        /*PgUp 键*/
#define SPEEDDOWN      81        /*PgDn 键*/
#define ESC            27        /*Esc 键*/
#define N              200
```

步骤3　在主函数 main() 上面添加函数定义、变量定义以及结构体定义,代码如下:

```
int i,key;
int score =0;/*得分*/
int gamespeed =200;/*游戏速度*/
int maxx,maxy;
struct Food
{
    int x;/*食物的横坐标*/
    int y;/*食物的纵坐标*/
    int yes;/*判断是否要出现食物的变量*/
}food;/*食物的结构体*/
struct Snake
{
    int x[N];
    int y[N];
    int node;/*蛇的节数*/
    int direction;/*蛇的移动方向*/
    int life;/*蛇的生命,0 活着,1 死亡*/
}snake;
void Init(void);/*图形驱动*/
void Close(void);/*图形结束*/
void DrawK(void);/*开始画面*/
void GameOver(void);/*结束游戏*/
void GamePlay(void);/*玩游戏具体过程*/
void PrScore(void);/*输出成绩*/
```

步骤4　添加 main() 函数的实现部分及其他功能函数,代码如下:

```
int main(int argc, char * argv[])
{
    Init();/*图形驱动*/
    DrawK();/*开始画面*/
    GamePlay();/*玩游戏具体过程*/
    Close();/*图形结束*/
    return 0;
```

```
}
```
然后添加各功能函数,代码如下:
```
void Init(void)  /* 图形驱动 */
{
    int driver, mode = 0;
    initgraph(&driver, &mode, "");/* 初始化图形系统 */
    cleardevice();   /* 清屏 */
}


void DrawK(void)  /* 开始画面,从左上角到右下角坐标的围墙 */
{
    maxx = getmaxx();
    maxy = getmaxy();
    setcolor(RED);
    setlinestyle(SOLID_LINE,0,THICK_WIDTH);/* 设置线形 */
    for(i = 0;i <= maxx;i + = 10)/* 画围墙 */
    {
        rectangle(i,0,i + 10,10);  /* 上边 */
        rectangle(i,maxy - 10,i + 10,maxy);/* 下边 */
    }
    for(i = 0;i <= maxy;i + = 10)
    {
        rectangle(0,i,10,i + 10);  /* 左边 */
        rectangle(maxx - 10,i,maxx,i + 10);/* 右边 */
    }
}


void GamePlay(void)  /* 玩游戏具体过程 */
{
    srand((unsigned)time(NULL));/* 随机数发生器 */
    food.yes = 1;/* 1 表示需要出现新食物,0 表示已经存在食物 */
    snake.life = 0;/* 活着 */
    snake.direction = 1;/* 方向往右 */
    snake.x[0] = 100;snake.y[0] = 100;/* 蛇头 */
    snake.x[1] = 110;snake.y[1] = 100;
    snake.node = 2;/* 节数 */
    PrScore();/* 输出得分 */
    while(1)/* 可以重复玩游戏,按 Esc 键结束 */
    {
        while(! kbhit())/* 在没有按键的情况下,蛇自己移动身体 */
```

```
{
    if( food. yes == 1 )/ * 需要出现新食物 * /
    {
        food. x = rand( ) % 500 + 60 ;
        food. y = rand( ) % 300 + 60 ;
        / * 食物随机出现后必须让食物能够在整格内,这样才可以让蛇吃
        到 * /
        while( food. x % 10 ! = 0 )
            food. x ++ ;
        while( food. y % 10 ! = 0 )
            food. y ++ ;
        food. yes = 0 ; / * 画面上有食物了 * /
    }
    if( food. yes == 0 )/ * 画面上有食物了就要显示 * /
    {
        setcolor( GREEN ) ;
        rectangle( food. x , food. y , food. x + 10 , food. y – 10 ) ;
    }
    / * 蛇的每个环节往前移动,是贪吃蛇的关键算法 * /
    for( i = snake. node – 1 ; i > 0 ; i – – )
    {
        snake. x[ i ] = snake. x[ i – 1 ] ;
        snake. y[ i ] = snake. y[ i – 1 ] ;
    }
    / * 1,2,3,4 表示右、左、上、下四个方向,通过这个判断来移动蛇头 * /
    switch( snake. direction )
    {
    case 1 : snake. x[ 0 ] + = 10 ; break ;
    case 2 : snake. x[ 0 ] – = 10 ; break ;
    case 3 : snake. y[ 0 ] – = 10 ; break ;
    case 4 : snake. y[ 0 ] + = 10 ; break ;
    }
    / * 从蛇的第四节开始判断是否撞到自己了,蛇头为两节第三节不可能拐
    过来 * /
    for( i = 3 ; i < snake. node ; i ++ )
    {
        if( snake. x[ i ] == snake. x[ 0 ] && snake. y[ i ] == snake. y[ 0 ] )
        {
            GameOver( ) ; / * 显示失败 * /
            snake. life = 1 ;
```

```
                break;
        }
    }
    /*蛇是否撞到墙壁*/
    if(snake.x[0]<10 || snake.x[0]>maxx-10 || snake.y[0]<10 || snake.
    y[0]>maxy-10)
    {
        GameOver();/*本次游戏结束*/
        snake.life=1;/*蛇死*/
    }
    if(snake.life==1)/*以上两种判断以后,如果蛇死就跳出内循环,重新开
                    始*/
        break;
    if(snake.x[0]==food.x&&snake.y[0]==food.y)/*吃到食物以后*/
    {
        setcolor(BLACK);/*把画面上的食物去掉*/
        rectangle(food.x,food.y,food.x+10,food.y-10);
        snake.x[snake.node]=-20;snake.y[snake.node]=-20;
        /*新的一节先放在看不见的位置,下次循环就取前一节的位置*/
        snake.node++;/*蛇的身体长一节*/
        food.yes=1;/*画面上需要出现新的食物*/
        score+=10;
        PrScore();/*输出新得分*/
    }
    setcolor(RED);/*画出蛇*/
    for(i=0;i<snake.node;i++)
        rectangle(snake.x[i],snake.y[i],snake.x[i]+10,
        snake.y[i]-10);
    Sleep(gamespeed);
    setcolor(BLACK);/*用黑色去除蛇的最后一节*/
    rectangle(snake.x[snake.node-1],snake.y[snake.node-1],
        snake.x[snake.node-1]+10,snake.y[snake.node-1]-10);
}   /*endwhile*/
if(snake.life==1)/*如果蛇死就跳出循环*/
    break;

if(kbhit())
{
    key=getch();
}
```

```
            if(key == ESC)/* 按 Esc 键退出 */
                break;
            else if(key == UP&&snake. direction! = 4)
                /* 判断是否往相反的方向移动 */
                snake. direction = 3;
            else if(key == RIGHT&&snake. direction! = 2)
                snake. direction = 1;
            else if(key == LEFT&&snake. direction! = 1)
                snake. direction = 2;
            else if(key == DOWN&&snake. direction! = 3)
                snake. direction = 4;
            else if(key == SPEEDUP)
                gamespeed  - = 50;
            else if(key == SPEEDDOWN)
                gamespeed  + = 50;
        }
    }


void PrScore(void) /* 输出成绩 */
{
    char str[10];
    setfillstyle(SOLID_FILL, YELLOW);
    bar(50,15,220,35);
    setcolor(RED);
    sprintf(str,"得分: % d",score);
    outtextxy(55,20,str);
}


void GameOver(void) /* 游戏结束 */
{
    cleardevice();
    setcolor(RED);
    outtextxy(maxx/2 - 20,maxy/2,"GAME OVER");
    PrScore();
    getch();
}


void Close(void) /* 图形结束 */
{
    closegraph();
```

}

至此所有代码输入工作完成。

步骤5 程序调试。

单击 Visual C ++ 6.0 环境下的工具条中的快捷执行按钮 ！ 或使用快捷键"Ctrl +
F5"执行程序,可通过方向键可控制蛇的移动方向,通过"PageUp"键增加移动速度,通过
"PageDown"键减小移动速度。程序执行结果如图 3.36 所示。

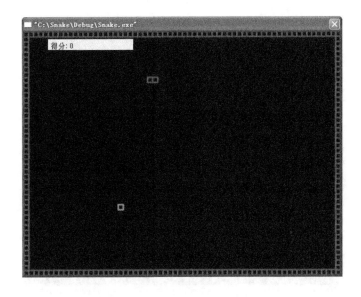

图 3.36

3.5 实例 5 五子棋程序

本实例的内容是设计一个五子棋游戏程序,在控制台中绘出棋盘格,之后用键盘的方
向键控制棋子的移动,空格键确定落子,蓝绿双方交换下子;程序对下的棋子进行判断,判
断双方输赢;棋子的移动由键盘控制,在绘图时要在绘出当前圆的同时擦除前一时刻画的
圆。五子棋游戏程序可采用基于 Win32 控制台的程序构建,下面对这种方法进行详细
介绍。

3.5.1 设计目的

1.熟练掌握 C 语言图形函数库的使用;
2.掌握 C 语言控制台程序中键盘的操作及键码值;
3.熟悉 C 语言数据的输入与输出;
4.熟悉函数的设计方法及调用方法。

3.5.2 基本要求

1. 在控制台中绘制出棋盘，棋子的移动由键盘控制并在界面中动态显示；

2. 游戏中，空格键代表下子，同时根据游戏规则判断出输赢，并将游戏结果输出至控制台；

3. 游戏中，蓝绿双方交替下子，并提示用户当前下子方；

4. 系统设计完成后应实现类似图3.37所示的界面。

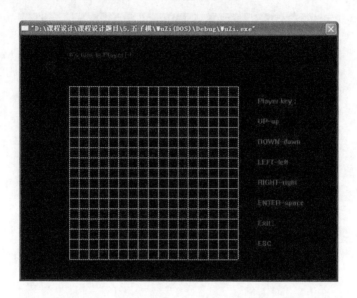

图3.37

3.5.3 设计结构及算法分析

在进行程序设计时，选择一种合理的数据存储结构是非常关键的。根据题目要求，本实例采用二维数组来存储棋盘格中下子的状态。

1. 存储结构

五子棋程序主要使用的变量如下：

int status[N][N];   /* 定义的数组，保存棋盘状态 */

int step_x, step_y;   /* 行走的坐标 */

int key;   /* 获取按下的键盘的键值 */

int flag;   /* 玩家标志 */

2. main()主函数

本程序采用模块化设计，各功能放在各模块函数中实现。主函数是程序的入口，在其中对图形系统进行初始化，然后依次调用各功能函数。

3. DrawBoard()函数——画棋盘函数

此函数完成棋盘格的绘制。

4. DrawCircle()函数——画棋子圆的函数

此函数画出棋子圆，根据传递的位置坐标及颜色，画出当前棋子。

5. Alternation( )函数——双方交换下棋

略。

6. JudgePlayer( )函数——对不同的行棋方画不同颜色的圆

略。

7. ResultCheck( )函数——判断当前行棋方是否获胜函数

此函数对存储棋盘的数组进行遍历,找出所有可能包含 5 个横向或纵向连续的相同颜色的圆,如果有则判定其颜色方为胜利方。

8. Done( )函数——执行下棋函数

此函数是五子棋程序的主要函数,主要完成棋子的上下左右移动、棋子的落子、下棋双方的交换等操作。

9. ShowMessage( )函数——显示行棋方函数

略。

10. WelcomeInfo( )函数——显示欢迎信息

略。

11. gotoxy( )函数——确定当前绘图位置

略。

3.5.4 程序执行流程图

整个程序执行的流程如图 3.38 所示。

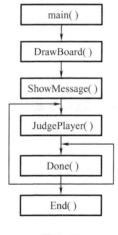

图 3.38

3.5.5 基于 Win32 控制台的 C 语言程序设计详细步骤

步骤 1 建立一个工程。

在 Visual C ++6.0 的集成开发环境下,单击"File"(文件)菜单项,然后选择其子菜单项"New"(新建),如图 3.39 所示。

屏幕上会弹出"New"(新建)对话框,如图 3.40 所示。单击对话框上方的"Projects"(工程)选项卡,在其下方列表中选择"Win32 Console Application"选项,在右侧的"Project name"(工程名)文本框中输入工程名"WuZi",在"Location"(目录)文本框中输入工程文件存放的目录"C：\ WuZi"，然后单击"OK"按钮。

单击"OK"按钮后，会弹出如图 3.41 所示的界面，为了方便编程，选择"A simple application"选项，然后单击"Finish"按钮。

单击"Finish"按钮后，会弹出如图 3.42 所示的界面，界面中包含了建立的工程文件的头文件及路径等信息。

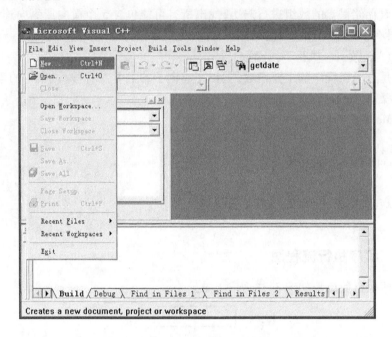

图 3.39

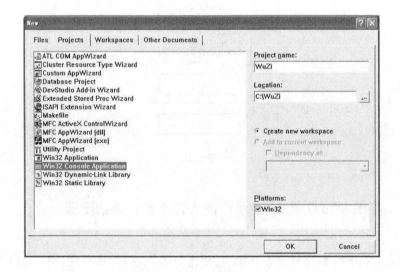

图 3.40

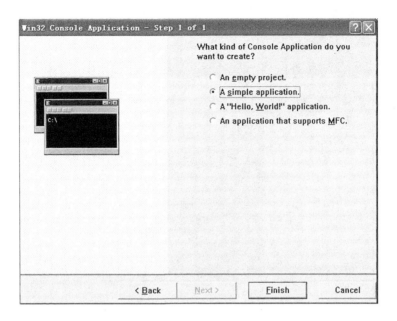

图 3.41

图 3.42

单击"OK"按钮,则进入了一个简单的 C 语言 Win32 控制台程序的集成开发界面,如图 3.43所示。

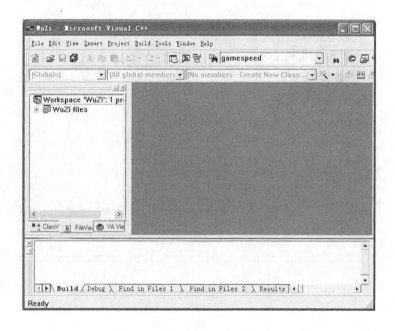

图 3.43

左侧窗口为工程管理窗口,选择"FileView"选项卡,通过点击"＋"可打开工程的文件目录列表,工程的很多操作都需要通过此窗口进行。通过双击列表中的"WuZi.cpp"文件名,可在中央的编辑窗口中打开该文件,如图3.44 所示。此文件中只包含一个主函数 main( )框架。

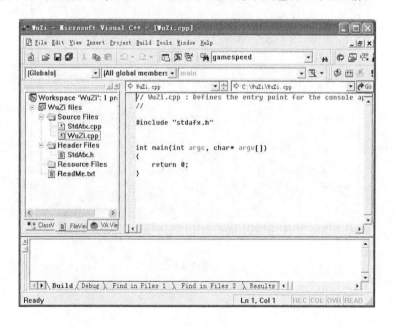

图 3.44

步骤2 在打开的"WuZi.cpp"文件的上部,添加程序头文件及预定义。

```
/*加载头文件*/
#include <stdio.h>
#include <stdlib.h>
#include <graphics.h>
#include <conio.h>
/*编译预处理,定义按键码*/
#define LEFT    75   /*左方向键*/
#define RIGHT   77   /*右方向键*/
#define DOWN    80   /*下方向键*/
#define UP      72   /*上方向键*/
#define ESC     27   /*Esc键*/
#define SPACE   32   /*空格键,用于落子*/
/*设置偏移量*/
#define OFFSET    20
#define OFFSET_x   4
#define OFFSET_y   4
/*定义数组大小*/
#define N 19
```

步骤3 在主函数 main( )上面添加函数定义、变量定义,代码如下:

```
/*定义全局变量*/
int status[N][N];  /*定义的数组,保存状态*/
int step_x,step_y; /*行走的坐标*/
int key ;           /*获取按下的键盘的键值*/
int flag;           /*玩家标志*/
/*自定义函数原型*/
void DrawBoard( );
void DrawCircle( int x,int y,int color);
void Alternation( );
void JudgePlayer( int x,int y);
void Done( );
int ResultCheck( int x,int y);
void WelcomeInfo( );
void ShowMessage( );
void gotoxy( int x,int y);
```

步骤4 添加 main( )函数的实现部分以及其他功能函数,代码如下:

```
int main( int argc, char * argv[ ])/*主函数*/
{
    int driver;
    int mode;
```

```
        driver = DETECT;
        mode = 0;
        /* 初始化图形系统 */
        initgraph( &driver, &mode, "" );
        /* 设置 flag 初始值,默认是 Player1 先行 */
        flag = 1;
        /* 画棋盘 */
        DrawBoard( );
        ShowMessage( );
        do
        {
            step_x = 0 ;
            step_y = 0 ;
            JudgePlayer( step_x - 1,step_y - 1 );
            do
            {
                /* 如果没有键按下,则 bioskey(1) 函数将返回 0 */
                if( kbhit( ) )
                {
                    /* 获取从键盘按下的键值 */
                    key = getch( );
                    /* 根据获得的键值进行下棋操作 */
                    Done( );
                }
            } while( key! = SPACE&&key! = ESC );
        } while( key! = ESC );
        /* 关闭图形系统 */
        closegraph( );
        return 0;
}


void WelcomeInfo( )/* 显示欢迎信息函数 */
{
    char ch ;
    /* 移动光标到指定位置 */
    gotoxy( 12,4 );
    /* 显示欢迎信息 */
    printf( "Welcome you to gobang world!" );
    gotoxy( 12,6 );
    printf( "1. You can use the up,down,left and right key to move the chessman," );
```

```
        gotoxy(12,8);
        printf("  and you can press Space key to enter after you move it !");
        gotoxy(12,10);
        printf("2. You can use Esc key to exit the game too !");
        gotoxy(12,12);
        printf("3. Don not move the pieces out of the chessboard !");
        gotoxy(12,14);
        printf("DO you want to continue ? (Y/N)");
        ch = getchar();
        /* 判断程序是否要继续进行 */
        if( ch == 'n' || ch == 'N')
            /* 如果不继续进行,则退出程序 */
            exit(0);
}


void DrawBoard()/* 画棋盘函数 */
{
        int x1,x2;
        int y1,y2;
        /* 设置背景色 */
        setbkcolor(BLACK);
        /* 设置线条颜色 */
        setcolor(WHITE);
        /* 设置线条风格、宽度 */
        setlinestyle(DASHED_LINE,1,1);

        /* 按照预设的偏移量开始画棋盘 */
        for(x1 = 1,y1 = 1,y2 = 18;x1 <= 18;x1 ++)

    line((x1 + OFFSET_x) * OFFSET,(y1 + OFFSET_y) * OFFSET,(x1 + OFFSET_x) *
OFFSET,(y2 + OFFSET_y) * OFFSET);
        for(x1 = 1,y1 = 1,x2 = 18;y1 <= 18;y1 ++)

    line((x1 + OFFSET_x) * OFFSET,(y1 + OFFSET_y) * OFFSET,(x2 + OFFSET_x) *
OFFSET,(y1 + OFFSET_y) * OFFSET);
        /* 将各个点的状态设置为0 */
        for(x1 = 1;x1 <= 18;x1 ++)
            for(y1 = 1;y1 <= 18;y1 ++)
                status[x1][y1] = 0;
        /* 显示帮助信息 */
```

```
        setcolor(RED);
        outtextxy((20 + OFFSET_x) * OFFSET,(2 + OFFSET_y) * OFFSET," Player
key :");
        outtextxy((20 + OFFSET_x) * OFFSET,(4 + OFFSET_y) * OFFSET,"UP—up ");
        outtextxy((20 + OFFSET_x) * OFFSET,(6 + OFFSET_y) * OFFSET,"DOWN—down ");
        outtextxy((20 + OFFSET_x) * OFFSET,(8 + OFFSET_y) * OFFSET,"LEFT—left");
        outtextxy((20 + OFFSET_x) * OFFSET,(10 + OFFSET_y) * OFFSET,"RIGHT—right");
        outtextxy((20 + OFFSET_x) * OFFSET,(12 + OFFSET_y) * OFFSET,"ENTER—space");
        outtextxy((20 + OFFSET_x) * OFFSET,(14 + OFFSET_y) * OFFSET,"Exit :");
        outtextxy((20 + OFFSET_x) * OFFSET,(16 + OFFSET_y) * OFFSET,"ESC");
    }


    void DrawCircle(int x,int y,int color) /* 画圆函数 */
    {
        setcolor(color);
        /* 设置画圆线条的风格、宽度,这里设置为虚线 */
        setlinestyle(SOLID_LINE,0,1);
        x = (x + OFFSET_x) * OFFSET;
        y = (y + OFFSET_y) * OFFSET;
        /* 以(x,y)为圆心,8 为半径画圆 */
        circle(x,y,8);
    }


    void Alternation() /* 交换行棋方函数 */
    {
        if(flag == 1)
            flag = 2 ;
        else
            flag = 1 ;
    }


    void JudgePlayer(int x,int y) /* 对不同的行棋方画不同颜色的圆函数 */
    {
        if(flag == 1)
            DrawCircle(x,y,BLUE);
        if(flag == 2)
            DrawCircle(x,y,GREEN);
    }


    int ResultCheck(int x,int y) /* 判断当前行棋方是否获胜函数 */
```

```
{
    int j,k;
    int n1,n2 ;
    while(1)
    {
        /*对水平方向进行判断是否有5个同色的圆*/
        n1 = 0;
        n2 = 0;
        /*水平向左数*/
        for(j = x,k = y;j > = 1;j - - )
        {
            if( status[j][k] == flag)
                n1 ++ ;
            else
                break;
        }
        /*水平向右数*/
        for(j = x,k = y;j <= 18;j ++ )
        {
            if( status[j][k] == flag)
                n2 ++ ;
            else
                break;
        }
        if( n1 + n2 - 1 > = 5)
        {
            return(1) ;
        }
        /*对垂直方向进行判断是否有5个同色的圆*/
        n1 = 0;
        n2 = 0;
        /*垂直向上数*/
        for(j = x,k = y;k > = 1;k - - )
        {
            if( status[j][k] == flag)
                n1 ++ ;
            else
                break ;
        }
        /*垂直向下数*/
```

```c
        for(j = x,k = y;k <= 18;k ++ )
        {
            if( status[ j ][ k ] == flag)
                n2 ++ ;
            else
                break ;
        }
        if( n1 + n2 - 1 > = 5)
        {
            return(1) ;
        }
        /* 从左上方到右下方进行判断是否有 5 个同色的圆 */
        n1 = 0;
        n2 = 0;
        /* 向左上方数 */
        for( j = x,k = y;( j > = 1)&&( k > = 1) ;j - - ,k - - )
        {
            if( status[ j ][ k ] == flag)
                n1 ++ ;
            else
                break;
        }
        /* 向右下方数 */
        for( j = x,k = y;( j <= 18)&&( k <= 18) ;j ++ ,k ++ )
        {
            if( status[ j ][ k ] == flag)
                n2 ++ ;
            else
                break;
        }
        if( n1 + n2 - 1 > = 5)
        {
            return(1) ;
        }

        /* 从右上方到左下方进行判断是否有 5 个同色的圆 */
        n1 = 0;
        n2 = 0;
        /* 向右上方数 */
        for( j = x,k = y;( j <= 18)&&( k > = 1) ;j ++ ,k - - )
```

```
    {
        if( status[ j ][ k ] == flag)
            n1 ++ ;
        else
            break;
    }
    / * 向左下方数 * /
    for( j = x,k = y;( j > = 1)&&( k <= 18);j - - ,k ++ )
    {
        if( status[ j ][ k ] == flag)
            n2 ++ ;
        else
            break;
    }
    if( n1 + n2 - 1 > = 5)
    {
        return(1);
    }
    return(0);
    }
}


void Done( )/ * 执行下棋函数 * /
{
    int i ;
    int j ;
    / * 根据不同的 key 值进行不同的操作 * /
    switch( key)
    {
        / * 如果是向左移动的 * /
    case LEFT:
        / * 如果下一步超出棋盘左边界则什么也不做 * /
        if( step_x - 1 < 0)
            break ;
        else
        {
            for( i = step_x - 1,j = step_y;i > = 1;i - - )
                if( status[ i ][ j ] == 0)
                {
                    DrawCircle( step_x,step_y,BLACK);
```

```
                            break ;
                        }
                    if( i < 1)
                        break ;
                    step_x = i ;
                    JudgePlayer( step_x,step_y) ;
                    break ;
            }
        / * 如果是向右移动的 * /
    case RIGHT :
        / * 如果下一步超出棋盘右边界则什么也不做 * /
        if( step_x + 1 > 18)
            break ;
        else
            {
                for( i = step_x + 1,j = step_y;i <= 18;i ++ )
                    if( status[ i][ j] == 0)
                        {
                            / * 每移动一步画一个圆,显示移动的过程 * /
                            DrawCircle( step_x,step_y,BLACK) ;
                            break ;
                        }
                if( i > 18)break ;
                step_x = i ;
                / * 根据不同的行棋者画不同颜色的圆 * /
                JudgePlayer( step_x,step_y) ;
                / * 显示行棋一方是谁 * /
                break ;
            }
        / * 如果是向下移动的 * /
    case DOWN :
        / * 如果下一步超出棋盘下边界则什么也不做 * /
        if( ( step_y + 1) > 18)
            break ;
        else
            {
                for( i = step_x,j = step_y + 1;j <= 18;j ++ )
                    if( status[ i][ j] == 0)
                        {
                            DrawCircle( step_x,step_y,BLACK) ;
```

```
                break ;
            }
            if( j > 18)break ;
            step_y = j ;
            JudgePlayer( step_x,step_y);
            break ;
    }
    /* 如果是向上移动的 */
case UP :
    /* 如果下一步超出棋盘上边界则什么也不做 */
    if(( step_y - 1) < 0)
        break ;
    else
    {
        for( i = step_x,j = step_y - 1;j > = 1;j - - )
            if( status[ i][ j] == 0)
            {
                DrawCircle( step_x,step_y,BLACK);
                break ;
            }
            if( j < 1)break ;
            step_y = j ;
            JudgePlayer( step_x,step_y);
            break ;
    }
    /* 如果是退出键 */
case ESC :
    break ;
    /* 如果是确定键 */
case SPACE:
    /* 如果操作是在棋盘之内 */
    if( step_x > = 1&&step_x <= 18&&step_y > = 1&&step_y <= 18)
    {
        /* 按下确定键后,如果棋子当前位置的状态为 0 */
        if( status[ step_x][ step_y] == 0)
        {
            /* 则更改棋子当前位置的状态为 flag 值,表示是哪个行棋者行的
            棋 */
            status[ step_x][ step_y] = flag ;
            /* 如果判断当前行棋者获胜 */
```

```
                if( ResultCheck( step_x , step_y ) == 1 )
                {
                    gotoxy( 30 ,4 ) ;
                    setbkcolor( BLUE ) ;
                    / * 清除图形屏幕 * /
                    cleardevice( ) ;
                    / * 为图形输出设置当前视口 * /
                    setviewport( 100 ,100 ,540 ,380 ,1 ) ;
                    / * 绿色实填充 * /
                    setfillstyle( 1 ,2 ) ;
                    setcolor( YELLOW ) ;
                    rectangle( 0 ,0 ,439 ,279 ) ;
                    floodfill( 50 ,50 ,14 ) ;
                    setcolor( BLUE ) ;
                    outtextxy( 20 ,20 , " Congratulation !" ) ;
                    setcolor( GREEN ) ;
                    / * 如果是 Player1 获胜,显示获胜信息 * /
                    if( flag == 1 )
                    {
                        / * 无衬笔画字体, 水平放大 5 倍 * /
                        outtextxy( 20 ,120 , " Player1 win the game !" ) ;
                    }
                    / * 如果是 Player2 获胜,显示获胜信息 * /
                    if( flag == 2 )
                    {
                        / * 无衬笔画字体, 水平放大 5 倍 * /
                        outtextxy( 20 ,120 , " Player2 win the game !" ) ;
                    }

                    setcolor( GREEN ) ;
                    getch( ) ;
                    exit( 0 ) ;
                }
                / * 如果当前行棋者没有获胜,则交换行棋方 * /
                Alternation( ) ;
                / * 提示行棋方是谁 * /
                ShowMessage( ) ;
                break ;
        }
    }
```

```
            else
                break ;
        }
    }

void ShowMessage( )/ * 显示行棋方函数 * /
{
    / * 轮到 Player1 行棋 * /
    if( flag == 1)
    {
        setcolor( BLACK) ;
        gotoxy( 100 ,30) ;
        / * 覆盖原有的字迹 * /
        outtextxy( 100 ,30 ,"It's turn to Player2 !" ) ;
        setcolor( BLUE) ;
        outtextxy( 100 ,30 ,"It's turn to Player1 !" ) ;
    }
    / * 轮到 Player2 行棋 * /
    if( flag == 2)
    {
        setcolor( BLACK) ;
        / * 覆盖原有的字迹 * /
        outtextxy( 100 ,30 ,"It's turn to Player1 !" ) ;
        setcolor( GREEN) ;
        gotoxy( 100 ,20) ;
        outtextxy( 100 ,30 ,"It's turn to Player2 !" ) ;
    }
}
void gotoxy( int x ,int y)/ * 设置当前坐标 * /
{
    COORD coord ;
    coord. X = x ;
    coord. Y = y ;
    SetConsoleCursorPosition( GetStdHandle( STD_OUTPUT_HANDLE ) , coord ) ;
}
```

至此所有代码输入工作完成。

步骤5　程序调试。

单击 Visual C ++ 6.0 环境下的工具条中的快捷执行按钮 ！ 或使用快捷键"Ctrl ＋ F5"执行程序,可通过方向键可控制棋子移动方向,通过空格键落子,程序判断双方输赢,按

"Esc"键退出。程序执行结果如图3.45所示。

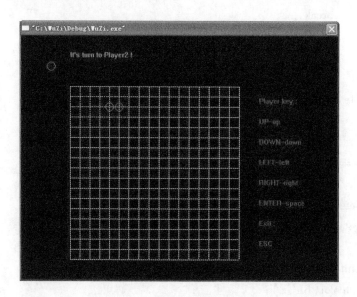

图3.45

3.6 实例6 通讯录程序

本实例的内容是设计一个通讯录程序,要求实现通讯录信息的录入,并具有添加、查询、删除、显示等功能;使用结构体存储通讯录中记录的信息;使用链表来实现通讯录信息的添加、删除、查询及显示等操作;可实现文件的读写,在通讯录信息录入结束之后,可存入文件中,在下次程序运行时可将文件中的记录读取到程序中。通讯录程序可采用基于Win32控制台的程序构建,下面对这种方法进行详细介绍。

3.6.1 设计目的

1. 掌握结构体的基本工作原理和工作方式;
2. 熟悉结构体与链表的使用方法;
3. 熟悉C语言数据的输入与输出;
4. 掌握C语言对txt文件的读写操作;
5. 熟悉函数的设计方法及调用方法。

3.6.2 基本要求

1. 实现对通讯录信息的查找、添加、删除、显示等功能,每个功能模块均能实现随时从模块中退出,可以通过键盘对功能进行选择,完成一个通讯录管理系统的运行;
2. 使用结构体来实现对通讯录信息的存储;
3. 使用链表来实现对通讯录信息的查找、添加、删除、浏览显示;

112

4.使用文件对记录进行存储,程序运行时还可以从文件中读取记录;

5.系统设计完成后应实现类似图3.46所示的界面。

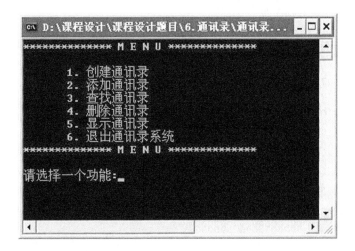

图3.46

3.6.3 设计结构及算法分析

在进行程序设计时,选择一种合理的数据存储结构是非常关键的。根据题目要求,本实例采用结构体来存放通讯录中的信息,采用文件存储通讯录中的信息。

1.存储结构

本实例存储数据时,除了采用最常用的基本类型存储外,还采用结构体的方式来存储通讯录中的个人信息,结构体如下所示:

```
struct stu
{
    char name[20];        /*人名*/
    char telephone[20];   /*电话*/
    char sex[4];          /*性别*/
    char company[20];     /*单位*/
    struct stu *next;     /*链表节点*/
};
typedef struct stu STU;
```

2. main()主函数

本程序采用模块化设计,功能放在各模块函数中实现。主函数是程序的入口,在其中采用循环结构,根据用户的键盘输入依次调用各功能函数。

3. mycreate()函数 ——创建链表函数

此函数将用户输入的信息存储到结构体中,并建立链表结构,函数返回链表的头指针。链表建立完成后,可根据链表的头指针来添加后续指针。

4. myadd()函数 ——添加学生信息记录函数

此函数根据用户输入的信息分配内存,将数据存储到结构体中,并建立新的链表节点链接到已经建立好的链表尾部。

5. mydelete()函数 ——删除链表节点

此函数根据用户输入通讯录中的人名,在已有的链表中查找该人名信息存放的节点。如找到该节点,则删除该节点,并对链表结构重新链接;如未找到该人名信息的节点,则提示用户不存在。

6. mydisplay()函数 ——显示所有用户记录

此函数用来遍历所有节点并向屏幕上输出所有节点的通讯录中的详细信息。

7. displaymenu()函数 ——显示菜单函数

此函数向屏幕上输出用户可以选择的选项菜单,给用户提示信息,为用户的选择做出提示。

8. mysearch()函数 ——查找学生信息

此函数用来查找通讯录中人名信息存在与否。如不存在则提示用户,如存在时返回该人名的链表节点。

3.6.4 程序执行流程图

整个程序执行的流程如图3.47所示。

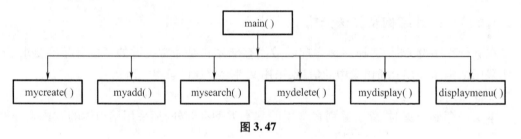

图3.47

3.6.5 基于Win32控制台的C语言程序设计详细步骤

步骤1 建立一个工程。

在Visual C++6.0的集成开发环境下,单击"File"(文件)菜单项,然后选择其子菜单项"New"(新建),如图3.48所示。

屏幕上会弹出"New"(新建)对话框,如图3.49所示。单击对话框上方的"Projects"(工程)选项卡,在其下方列表中选择"Win32 Console Application"选项,在右侧的"Project name"(工程名)文本框中输入工程名"Address",在"Location"(目录)文本框中输入工程文件存放的目录"C:\Address",然后单击"OK"按钮。

单击"OK"按钮后,会弹出如图3.50所示的界面,为了方便编程,选择"A simple application"选项,然后单击"Finish"按钮。

单击"Finish"按钮后,会弹出如图3.51所示的界面,界面中包含了建立的工程文件的头文件及路径等信息。

单击"OK"按钮,则进入了一个简单的C语言Win32控制台程序的集成开发界面,如图3.52所示。

左侧窗口为工程管理窗口,选择"FileView"选项卡,通过点击"+"可打开工程的文件目录列表,工程的很多操作都需要通过此窗口进行。通过双击列表中的"Address. cpp"文件名,可在中央的编辑窗口中打开该文件,如图 3.53 所示。此文件中只包含一个主函数 main( )框架。

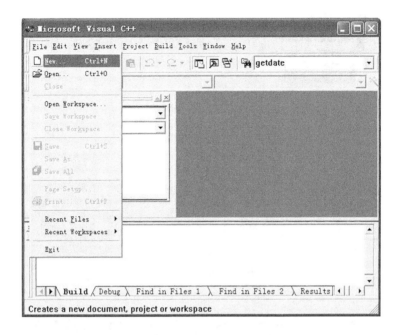

图 3.48

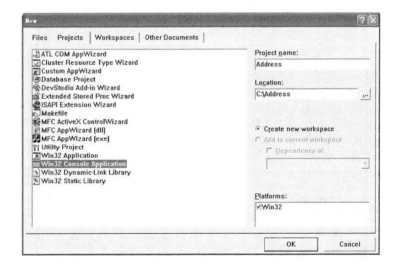

图 3.49

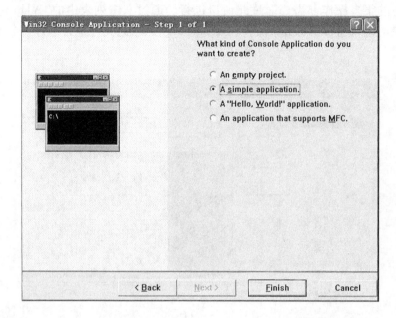

图 3.50

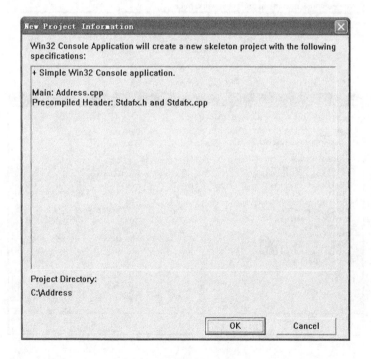

图 3.51

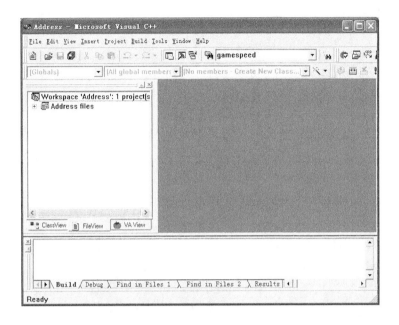

图 3.52

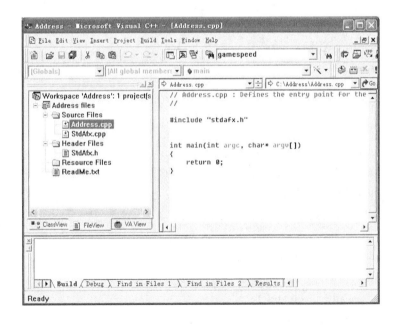

图 3.53

步骤 2　在打开的"Address. cpp"文件的上部,添加程序头文件。

\#include ＜stdio. h＞

\#include ＜string. h＞

\#include ＜stdlib. h＞

\#include ＜conio. h＞

步骤3　在主函数上面添加函数定义、变量定义及结构体定义,代码如下:

```c
struct stu
{
    char name[20];           /*姓名*/
    char telephone[20];      /*电话*/
    char sex[4];             /*性别*/
    char company[20];        /*公司*/
    struct stu *next;        /*链表节点*/
};
typedef struct stu STU;
STU *mycreate();                              /*创建节点*/
void mydisplay(STU *head);                    /*显示节点*/
void myadd(STU *head);                        /*增加记录*/
STU *mysearch(STU *head,char name[20]);       /*查找记录*/
void mydelete(STU *head,char name[20]);       /*删除记录*/
void displaymenu();                           /*显示所有记录*/
```

步骤4　添加main()函数的实现部分及其他功能函数,代码如下:

```c
int main(int argc, char *argv[])/*主函数*/
{
    STU *head = NULL, *p;
    char name[20];
    int select;
    while(1)
    {
        displaymenu();    //显示功能菜单
        printf("请选择一个功能:");
        scanf("%d", &select);
        switch( select )
        {
        case 1:        // 录入通信记录
            //getchar();
            head = mycreate();
            mydisplay(head);
            break;
        case 2:        //添加通信记录
            //getchar();
            myadd(head);
            mydisplay(head);
            break;
        case 3:        //查找通信记录
```

```
            printf("请输入要查找的人的姓名:");
            scanf("%s",name);
            p = mysearch(head,name);
            if (p! = NULL)
                printf("%s %s %s %s ",p -> telephone,p -> name,p -> sex,p ->
                company);
            else
                printf("没找到!");
            break;
        case 4:        //删除通信记录
            printf("请输入要删除的人的姓名:");
            scanf("%s",&name);
            mydelete(head,name);
            mydisplay(head);
            break;
        case 5:        //显示通信记录
            mydisplay(head);
            break;
        case 9:       //退出系统
            exit(0);
        default:       //输入错误的功能选项
            printf("选择功能错误,请重新选择。\n");
            break;
        }    //end of switch
        printf("按任意键继续......\n");
        getch();
    } // end of while
    return 0;
}


STU * mycreate()/* 创建链表 */
{
    STU * head, * p, * q;
    head = (STU * )malloc(sizeof(STU));
    q = head;
    printf("请输入:电话号码 姓名 性别 单位:\n");
    p = (STU * ) malloc(sizeof(STU));
    scanf("%s%s%s%s",p -> telephone,p -> name,p -> sex,p -> company);
    q -> next = p;
    q = p;
```

```
        q -> next = NULL;
        return head;
    }


void myadd(STU * head) / * 添加记录 * /
    {
        STU * p;
        p = (STU * ) malloc(sizeof(STU));
        printf("请输入:电话号码 姓名 性别 单位:\n");
        scanf("% s% s% s% s", &p -> telephone, p -> name, p -> sex, p -> company);
        p -> next = head -> next;
        head -> next = p;
    }


void mydelete(STU * head, char name[20]) / * 删除记录 * /
    {
        STU * p, * q;
        q = head;
        p = head -> next;
        while(p! = NULL)
        {
            if(strcmp(p -> name, name) == 0)
            {
                q -> next = p -> next;
                free(p);
                break;
            }
            q = p;
            p = p -> next;
        }
        return;
    }


STU * mysearch(STU * head, char name[20]) / * 查找记录 * /
    {
        STU * p;
        p = head -> next;
        while(p! = NULL)
        {
            if(strcmp(p -> name, name) == 0)
```

```
            break;
        p = p -> next;
    }
    return p;
}


void mydisplay(STU  * head) /* 显示记录 */
{
    STU  * p;
    p = head -> next;
    while(p! = NULL)
    {
        printf("% s % s % s % s \n", p -> telephone, p -> name, p -> sex, p ->
        company);
        p = p -> next;
    }
}


void displaymenu( ) /* 显示菜单 */
{
    system("cls");
    printf(" ************* M E N U************* \n\n");
    printf("        1. 创建通讯录\n");
    printf("        2. 添加通讯录\n");
    printf("        3. 查找通讯录\n");
    printf("        4. 删除通讯录\n");
    printf("        5. 显示通讯录\n");
    printf("        6. 退出通讯录系统\n");
    printf(" ************* M E N U************* \n\n");
}
```

至此所有代码输入工作完成。

步骤 5　程序调试。

单击 Visual C ++ 6.0 环境下的工具条中的快捷执行按钮 ❗ 或使用快捷键"Ctrl +
F5"执行程序,按照菜单提示输入选择键就可以进行相应操作。程序执行结果如图 3.54
所示。

图 3.54

3.7 实例 7 绘制机械零件图程序

本实例的内容是设计一个绘制机械零件图程序,机械零件图采用三视图绘制;通过键盘来控制各视图放大及缩小显示,零件图按照尺寸绘制;在零件图放大及缩小显示时,擦除原有绘图痕迹,在输出界面重新绘制。绘制机械零件图程序可采用基于 Win32 控制台的程序构建,下面对这种方法进行详细介绍。

3.7.1 设计目的

1.熟练掌握 C 语言图形函数库的使用;
2.掌握 C 语言控制台程序中键盘的操作及键码值;
3.熟悉 C 语言数据的输入与输出;
4.熟悉函数的设计方法及调用方法。

3.7.2 基本要求

1.在控制台中绘制出机械零件的三视图,要求按照尺寸绘制;
2.绘制的机械零件图有缩放功能,在绘图区域,可以放大或缩小;
3.绘制机械零件图程序可对键盘进行响应,可通过键盘的输入进行放大或缩小;
4.系统设计完成后应实现类似图 3.35 所示的界面。

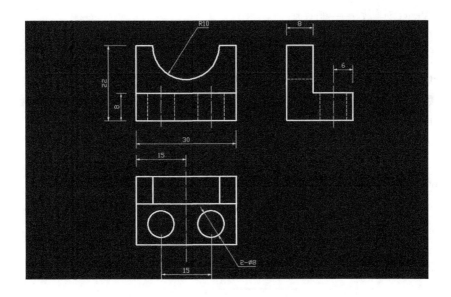

图 3.55

3.7.3 设计结构及算法分析

在进行程序设计时,选择一种合理的数据存储结构是非常关键的。根据题目要求,本实例采用结构体来存储矩形和点的坐标。

1. 存储结构

绘制机械零件图程序主要使用的结构体如下:

```
struct CRect / * 矩形 * /
{
    int left;
    int top;
    int right;
    int bottom;
};
struct CPoint / * 点 * /
{
    int x;
    int y;
};
```

2. main( )主函数

本程序采用模块化设计,各功能放在各模块函数中实现。主函数是程序的入口,在其中对图形系统进行初始化,然后依次调用各功能函数。

3. FrontView( )函数 ——主视图

此函数根据主视图尺寸在指定区域绘制出零件主视图,并在绘制时加入绘图的比例参数,绘图时以主视图中心点计算各直线或圆的坐标。

4. TopView( )函数 ——俯视图

此函数根据俯视图尺寸,在指定区域绘制出零件俯视图,并在绘制时加入绘图的比例参数,绘图时是以俯视图中心点计算各直线或圆的坐标。

5. LeftView( )函数 ——左视图

此函数根据左视图尺寸,在指定区域绘制出零件左视图,并在绘制时加入绘图的比例参数,绘图时是以左视图中心点计算各直线或圆的坐标。

6. Init( )函数 ——初始化图形系统

略。

7. Close( )函数 ——关闭图形系统

略。

3.7.4　程序执行流程图

整个程序执行的流程如图3.56所示。

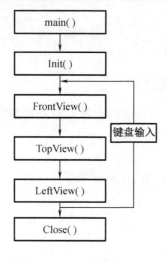

图 3.56

3.7.5　基于 Win32 控制台的 C 语言程序设计详细步骤

步骤1　建立一个工程。

在 Visual C ++6.0 的集成开发环境下,单击"File"(文件)菜单项,然后选择其子菜单项"New"(新建),如图3.57所示。

屏幕上会弹出"New"(新建)对话框,如图3.58所示。单击对话框上方的"Projects"(工程)选项卡,在其下方列表中选择"Win32 Console Application"选项,在右侧的"Project name"(工程名)文本框中输入工程名"Cube",在"Location"(目录)文本框中输入工程文件存放的目录"C:\Cube",然后单击"OK"按钮。

单击"OK"按钮后,会弹出如图3.59所示的界面,为了方便编程,选择"A simple application"选项,然后单击"Finish"按钮。

单击"Finish"按钮后,会弹出如图3.60所示的界面,界面中包含了建立的工程文件的头文件及路径等信息。

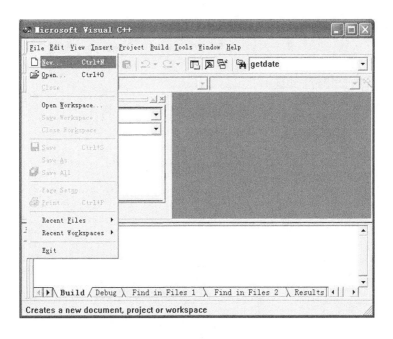

图 3.57

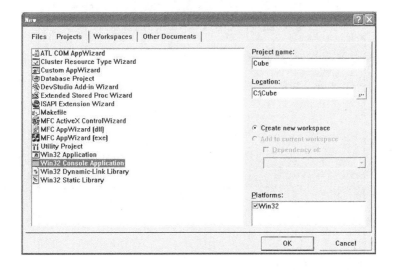

图 3.58

单击"OK"按钮,则进入了一个简单的 C 语言 Win32 控制台程序的集成开发界面,如图 3.61 所示。

左侧窗口为工程管理窗口,选择"FileView"选项卡,通过点击"+"可打开工程的文件目录列表,工程的很多操作都需要通过此窗口进行。通过双击列表中的"Cube.cpp"文件名,可在中央的编辑窗口中打开该文件,如图 3.62 所示。此文件中只包含一个主函数 main( )框架。

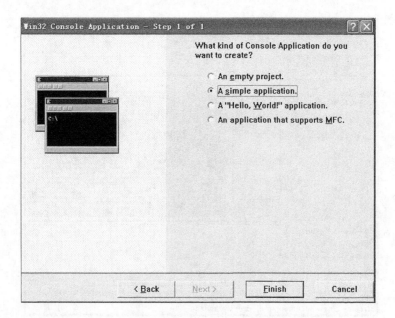

图 3. 59

图 3. 60

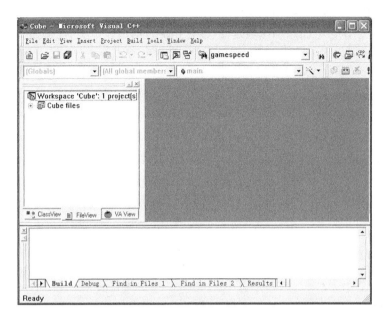

图 3.61

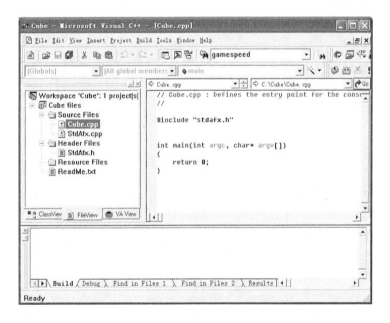

图 3.62

步骤2 在打开的"Cube. cpp"文件的上部,添加程序头文件和预定义。

```
#include < graphics. h >
#include < conio. h >
#define DOWN    80    / * 下方向键,用于视图缩小 * /
#define UP      72    / * 上方向键,用于视图放大 * /
```

127

```
#define ESC     27   /* 退出键 */
```

步骤3　在主函数上面添加函数定义、变量定义及结构体定义,代码如下:

```
struct CRect
{
    int left;
    int top;
    int right;
    int bottom;
};
struct CPoint
{
    int x;
    int y;
};
int Centerx,Centery;
float Scale =6;
CRect rect;
CPoint Point1,Point2;
void Init();
void Close();
void FrontView(CRect rect);
void TopView(CRect rect);
void LeftView(CRect rect);
```

步骤4　添加主函数 main()的实现部分及其他功能函数,代码如下:

```
int main(int argc, char * argv[])
{
    int maxx,maxy,key;
    Init();
    maxx = getmaxx();
    maxy = getmaxy();
    while(1)
    {
        if(kbhit())
        {
            key = getch();
            switch(key)
            {case UP: Scale =9;
            break;
            case DOWN: Scale =5;
                break;
```

```
            case ESC：exit(0)；
                break；
            }
            cleardevice()；
        }
        rect. top = 0；
        rect. bottom = int( maxy/2)；
        rect. left = 0 ；
        rect. right = int( maxx/2)；
        FrontView( rect)；
        rect. top = int( maxy/2)；
        rect. bottom = maxy；
        rect. left = 0 ；
        rect. right = int( maxx/2)；
        TopView( rect)；
        rect. top = 0；
        rect. bottom = int( maxy/2)；
        rect. left = int( maxx/2)；
        rect. right = maxx；
        LeftView( rect)；
    }
    Close()；
    return 0；
}


void FrontView( CRect rect)
{
    setlinestyle( PS_SOLID,0,3)；/ * 设置当前画线宽度和类型：设置三点宽实线 * /
    setcolor( YELLOW)；
    Centerx = ( rect. left  +  rect. right)/2；
    Centery = ( rect. top  +  rect. bottom)/2；
    Point1. x = int( Centerx  −  15 * Scale)；
    Point1. y = int( Centery  −  11 * Scale)；
    Point2. x = int( Centerx  −  10 * Scale)；
    Point2. y = int( Centery  −  11 * Scale)；
    line( Point1. x,Point1. y,Point2. x,Point2. y)；
    Point1. x = Centerx；
    Point1. y = Point2. y；
    arc( Point1. x,Point1. y,180,360,int( 10 * Scale))；//画弧
    Point1. x = int( Centerx  +  10 * Scale)；
```

```
Point1. y = int(Centery  -  11 * Scale);
Point2. x = int(Centerx  +  15 * Scale);
Point2. y = int(Centery  -  11 * Scale);
line(Point1. x,Point1. y,Point2. x,Point2. y);
Point1 = Point2;
Point2. x = int(Centerx  +  15 * Scale);
Point2. y = int(Centery  +  11 * Scale);
line(Point1. x,Point1. y,Point2. x,Point2. y);
Point1 = Point2;
Point2. x = int(Centerx  -  15 * Scale);
Point2. y = int(Centery  +  11 * Scale);
line(Point1. x,Point1. y,Point2. x,Point2. y);
Point1 = Point2;
Point2. x = int(Centerx  -  15 * Scale);
Point2. y = int(Centery  -  11 * Scale);
line(Point1. x,Point1. y,Point2. x,Point2. y);
Point1. x = int(Centerx  -  15 * Scale);
Point1. y = int(Centery  +  3 * Scale);
Point2. x = int(Centerx  +  15 * Scale);
Point2. y = int(Centery  +  3 * Scale);
line(Point1. x,Point1. y,Point2. x,Point2. y);
setlinestyle(PS_DASH,0,2); / * 设置当前画线宽度和类型 * /
Point1. x = int(Centerx  -  11.5 * Scale);
Point1. y = int(Centery  +  3 * Scale);
Point2. x = int(Centerx  -  11.5 * Scale);
Point2. y = int(Centery  +  11 * Scale);
line(Point1. x,Point1. y,Point2. x,Point2. y);//左侧画圆
Point1. x = int(Centerx  -  3.5 * Scale);
Point1. y = int(Centery  +  3 * Scale);
Point2. x = int(Centerx  -  3.5 * Scale);
Point2. y = int(Centery  +  11 * Scale);
line(Point1. x,Point1. y,Point2. x,Point2. y);//左侧画圆
Point1. x = int(Centerx  +  11.5 * Scale);
Point1. y = int(Centery  +  3 * Scale);
Point2. x = int(Centerx  +  11.5 * Scale);
Point2. y = int(Centery  +  11 * Scale);
line(Point1. x,Point1. y,Point2. x,Point2. y);//右侧画圆
Point1. x = int(Centerx  +  3.5 * Scale);
Point1. y = int(Centery  +  3 * Scale);
Point2. x = int(Centerx  +  3.5 * Scale);
```

```
        Point2. y = int( Centery  +  11 * Scale) ;
        line( Point1. x,Point1. y,Point2. x,Point2. y) ;//右侧画圆
        setlinestyle( PS_DASHDOT,0,2) ; / * 设置当前画线宽度和类型:设置点画线 * /
        setcolor( GREEN) ;
        setbkcolor( BLACK) ;
        Point1. x = int( Centerx  -  7. 5 * Scale) ;
        Point1. y = int( Centery) ;
        Point2. x = int( Centerx  -  7. 5 * Scale) ;
        Point2. y = int( Centery  +  13 * Scale) ;
        line( Point1. x,Point1. y,Point2. x,Point2. y) ;//左侧圆中心线
        Point1. x = int( Centerx  +  7. 5 * Scale) ;
        Point1. y = int( Centery ) ;
        Point2. x = int( Centerx  +  7. 5 * Scale) ;
        Point2. y = int( Centery  +  13 * Scale) ;
        line( Point1. x,Point1. y,Point2. x,Point2. y) ;//右侧圆中心线
        return ;
}


void TopView( CRect rect)
{
        setlinestyle( PS_SOLID,0,3) ; / * 设置当前画线宽度和类型:设置三点宽实线 * /
        setcolor( YELLOW) ;
        Centerx = ( rect. left  +  rect. right) /2 ;
        Centery = ( rect. top  +  rect. bottom) /2 ;//中心点
        Point1. x = int( Centerx  -  15 * Scale) ;
        Point1. y = int( Centery  -  10 * Scale) ;
        Point2. x = int( Centerx  +  15 * Scale) ;
        Point2. y = int( Centery  -  10 * Scale) ;
        line( Point1. x,Point1. y,Point2. x,Point2. y) ;//最上边线
        Point1 = Point2 ;
        Point2. x = int( Centerx  +  15 * Scale) ;
        Point2. y = int( Centery  +  10 * Scale) ;
        line( Point1. x,Point1. y,Point2. x,Point2. y) ;//右边线
        Point1 = Point2 ;
        Point2. x = int( Centerx  -  15 * Scale) ;
        Point2. y = int( Centery  +  10 * Scale) ;
        line( Point1. x,Point1. y,Point2. x,Point2. y) ;//底边
        Point1 = Point2 ;
        Point2. x = int( Centerx  -  15 * Scale) ;
        Point2. y = int( Centery  -  10 * Scale) ;
```

```
            line(Point1.x,Point1.y,Point2.x,Point2.y);//左边
            Point1.x = int(Centerx － 15 * Scale);
            Point1.y = int(Centery － 2 * Scale);
            Point2.x = int(Centerx ＋ 15 * Scale);
            Point2.y = int(Centery － 2 * Scale);
            line(Point1.x,Point1.y,Point2.x,Point2.y);//中间横线
            Point1.x = int(Centerx － 10 * Scale);
            Point1.y = int(Centery － 10 * Scale);
            Point2.x = int(Centerx － 10 * Scale);
            Point2.y = int(Centery － 2 * Scale);
            line(Point1.x,Point1.y,Point2.x,Point2.y);//中间竖线
            Point1.x = int(Centerx ＋ 10 * Scale);
            Point1.y = int(Centery － 10 * Scale);
            Point2.x = int(Centerx ＋ 10 * Scale);
            Point2.y = int(Centery － 2 * Scale);
            line(Point1.x,Point1.y,Point2.x,Point2.y);//中间竖线
            Point1.x = int(Centerx － 7.5 * Scale);
            Point1.y = int(Centery ＋ 4 * Scale);
            Point2.x = int(Centerx ＋ 7.5 * Scale);
            Point2.y = int(Centery ＋ 4 * Scale);
            circle(Point1.x,Point1.y,int(4 * Scale));
            circle(Point2.x,Point2.y,int(4 * Scale));//中间圆
            setlinestyle(PS_DASHDOT,0,2); /* 设置当前画线宽度和类型:设置点画线 */
            setcolor(GREEN);
            Point1.x = int(Centerx);
            Point1.y = int(Centery － 12 * Scale);
            Point2.x = int(Centerx);
            Point2.y = int(Centery ＋ 12 * Scale);
            line(Point1.x,Point1.y,Point2.x,Point2.y);//中间虚线
            return;
        }


    void LeftView(CRect rect)
    {
        setlinestyle(PS_SOLID,0,3); /* 设置当前画线宽度和类型:设置三点宽实线 */
        setcolor(YELLOW);
        Centerx = (rect.left ＋ rect.right)/2;
        Centery = (rect.top ＋ rect.bottom)/2;//中心点
        Point1.x = int(Centerx － 10 * Scale);
        Point1.y = int(Centery － 11 * Scale);
```

```
Point2. x = int( Centerx  - 2 * Scale) ;
Point2. y = int( Centery  - 11 * Scale) ;
line( Point1. x,Point1. y,Point2. x,Point2. y) ;//最上边线
Point1 = Point2 ;
Point2. x = int( Centerx  - 2 * Scale) ;
Point2. y = int( Centery  + 3 * Scale) ;
line( Point1. x,Point1. y,Point2. x,Point2. y) ;
Point1 = Point2 ;
Point2. x = int( Centerx  + 10 * Scale) ;
Point2. y = int( Centery  + 3 * Scale) ;
line( Point1. x,Point1. y,Point2. x,Point2. y) ;
Point1 = Point2 ;
Point2. x = int( Centerx  + 10 * Scale) ;
Point2. y = int( Centery  + 11 * Scale) ;
line( Point1. x,Point1. y,Point2. x,Point2. y) ;//右线
Point1 = Point2 ;
Point2. x = int( Centerx  - 10 * Scale) ;
Point2. y = int( Centery  + 11 * Scale) ;
line( Point1. x,Point1. y,Point2. x,Point2. y) ;//底线
Point1 = Point2 ;
Point2. x = int( Centerx  - 10 * Scale) ;
Point2. y = int( Centery  - 11 * Scale) ;
line( Point1. x,Point1. y,Point2. x,Point2. y) ;//右线
setlinestyle( PS_DASH,0,2) ; / * 设置当前画线宽度和类型:设置点画线 * /
Point1. x = int( Centerx  - 10 * Scale) ;
Point1. y = int( Centery  - 1 * Scale) ;
Point2. x = int( Centerx  - 2 * Scale) ;
Point2. y = int( Centery  - 1 * Scale) ;
line( Point1. x,Point1. y,Point2. x,Point2. y) ;//中间虚线
Point1. x = int( Centerx) ;
Point1. y = int( Centery  + 3 * Scale) ;
Point2. x = int( Centerx ) ;
Point2. y = int( Centery  + 11 * Scale) ;
line( Point1. x,Point1. y,Point2. x,Point2. y) ;//中间虚线
Point1. x = int( Centerx  + 8 * Scale) ;
Point1. y = int( Centery  + 3 * Scale) ;
Point2. x = int( Centerx  + 8 * Scale) ;
Point2. y = int( Centery  + 11 * Scale) ;
line( Point1. x,Point1. y,Point2. x,Point2. y) ;//中间虚线
setlinestyle( PS_DASHDOT,0,2) ; / * 设置当前画线宽度和类型:设置点画线 * /
```

```
        setcolor(GREEN);
        Point1.x = int(Centerx + 4 * Scale);
        Point1.y = int(Centery + 1 * Scale);
        Point2.x = int(Centerx + 4 * Scale);
        Point2.y = int(Centery + 13 * Scale);
        line(Point1.x,Point1.y,Point2.x,Point2.y);//圆中间虚线
        return;
    }


    void Init()
    {
        int driver, mode = 0;
        driver = DETECT; /* 自动检测显示设备 */
        initgraph(&driver, &mode, "");/* 初始化图形系统 */
    }
    void Close()
    {
        closegraph(); /* 关闭图形系统 */
    }
```

至此所有代码输入工作完成。

步骤5　程序调试。

单击 Visual C ++ 6.0 环境下的工具条中的快捷执行按钮 ❗ 或使用快捷键"Ctrl + F5"执行程序，程序执行结果如图 3.63 所示。可通过上下方向键来放大和缩小机械零件图，或按"Esc"键退出。

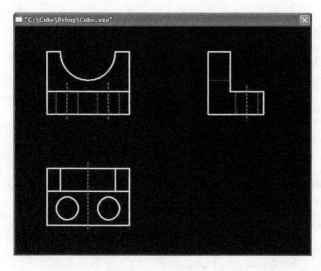

图 3.63

3.8 实例8 日历程序

本实例的内容是设计一个日历程序,获取系统日期及时间并以日历的形式输出到界面上;可根据日期判断是否为闰年及星期;可通过键盘选择和改变日历时间,输出可自动调整为更改的时间。日历程序可采用基于 Win32 控制台的程序构建,下面对这种方法进行详细介绍。

3.8.1 设计目的

1. 熟练掌握 C 语言时间函数的使用及相应算法的应用;
2. 掌握 C 语言控制台程序中键盘的操作及键码值;
3. 熟悉 C 语言数据的输入与输出;
4. 熟悉函数的设计方法及调用方法。

3.8.2 基本要求

1. 能够获取系统时间并以日历的形式显示在界面上;
2. 可以判断出是否为闰年以及所在星期;
3. 可通过键盘选择和调整系统时间并输出到界面上;
4. 系统设计完成后应实现类似图 3.64 所示的界面。

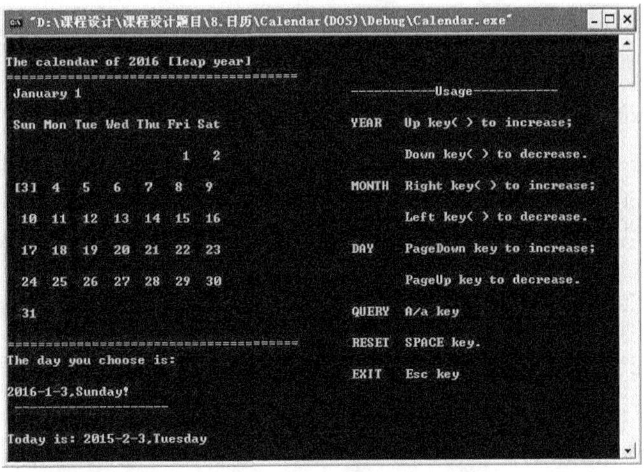

图 3.64

3.8.3 设计结构及算法分析

在进行程序设计时,选择一种合理的数据存储结构是非常关键的。根据题目要求,本实例采用全局变量来存储系统的时间。

1. 存储结构

/ * 定义全局变量 * /

int currentYear;

int currentMonth;

int currentDay;

int n_currentMon;

int n_lastMon;

time_t now;

2. main( )主函数

本程序采用模块化设计,各功能放在各模块函数中实现。主函数是程序的入口,在其中对图形系统进行初始化,然后依次调用各功能函数。

3. checkDate( )函数 ——检查日期有效性函数

略。

4. isLeapyear( )函数 ——判断是否是闰年函数

略。

5. getWeek( )函数 ——根据给定日期计算星期函数

略。

6. printSpace( )函数 ——输出指定个数个空格函数

略。

7. printSeparator( )函数 ——输出分隔线函数

略。

8. printUsage( )函数 ——输出使用方法函数

略。

9. printWeek( )函数 ——根据系统日期输出星期函数

略。

10. printWeek2( )函数 ——输出指定星期函数

略。

11. showCalendar( )函数 ——显示日历函数

此函数为日历程序主要函数,根据日期按格式输出日历,并判断是否闰年和星期,然后输出到界面上。

12. getKeyValue( )函数 ——通过键盘调整日期函数

略。

3.8.4　程序执行流程图

整个程序执行的流程如图 3.65 所示。

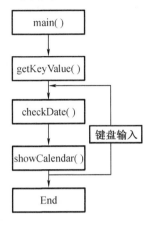

图 **3.65**

3.8.5　基于 Win32 控制台的 C 语言程序设计详细步骤

步骤 1　建立一个工程。

在 Visual C ++6.0 的集成开发环境下,单击"File"(文件)菜单项,之后选择其子菜单项"New"(新建),如图 3.66 所示。

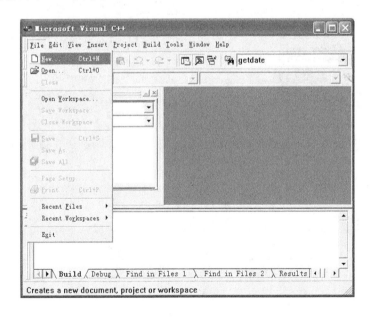

图 **3.66**

屏幕上会弹出"New"(新建)对话框,如图 3.67 所示。单击对话框上方的"Projects"(工程)选项卡,在其下方列表中选择"Win32 Console Application"选项,在右侧的"Project name"

（工程名）文本框中输入工程名"Calendar"，在"Location"（目录）文本框中输入工程文件存放的目录"C：\ Calendar"，然后单击"OK"按钮。

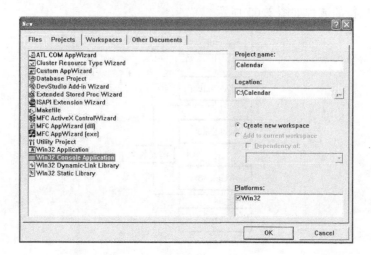

图3.67

单击"OK"按钮后，会弹出如图3.68所示的界面，为了方便编程，选择"A simple application"选项，然后单击"Finish"按钮。

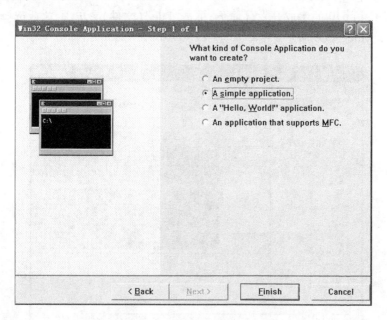

图3.68

单击"Finish"按钮后，会弹出如图3.69所示的界面，界面中包含了建立的工程文件的头文件及路径等信息。

单击"OK"按钮，则进入了一个简单的C语言Win32控制台程序的集成开发界面，如图3.70所示。

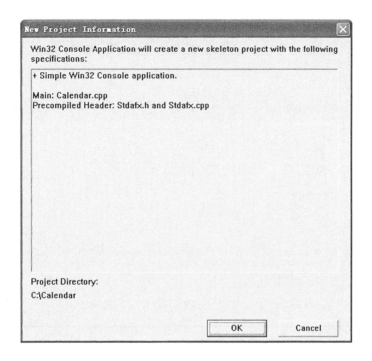

图 3.69

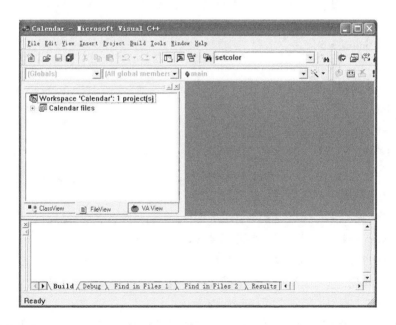

图 3.70

　　左侧窗口为工程管理窗口,选择"FileView"选项卡,通过点击"＋"可打开工程的文件目录列表,工程的很多操作都需要通过此窗口进行。通过双击列表中的"Calendar.cpp"文件名,可在中央的编辑窗口中打开该文件,如图 3.71 所示。此文件中只包含一个主函数 main

（ ）框架。

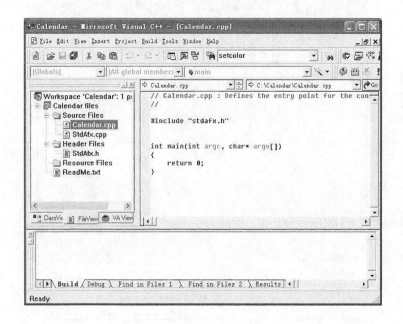

图3.71

步骤2　在打开的"Calendar.cpp"文件的上部,添加程序头文件和预定义。

```
#include <stdio.h>
#include <conio.h>
#include <time.h>
#include <graphics.h>
#define LEFT        75      /*左移键*/
#define RIGHT       77      /*右移键*/
#define DOWN        80      /*下移键*/
#define UP          72      /*上移键*/
#define PAGEUP      73      /*向上翻页键*/
#define PAGEDOWN    81      /*向下翻页键*/
#define ALOWER      97      /*小写字母a*/
#define AUPPER      65      /*大写字母A*/
#define SPACE       32      /*空格键*/
#define ESC         27      /*Escape键*/
```

步骤3　在主函数上面添加函数定义、变量定义以及结构体定义,代码如下:

```
int currentYear;
int currentMonth;
int currentDay;
int n_currentMon;
int n_lastMon;
```

```
time_t now;
void checkDate( );
int isLeapyear( int year);
int getWeek( int year,int month,int day);
void printSpace( int n);
void printSeparator( );
void printUsage( );
void printWeek( );
void printWeek2( int week);
void showCalendar( int year,int month,int day);
void getKeyValue( );
void gotoxy( int x,int y) ;
```

步骤4 添加主函数 main( )的实现部分以及其他功能函数,代码如下:

```
int main( int argc, char * argv[ ])
{
    getKeyValue( );
    return 0;
}


void getKeyValue( )/*通过键盘调整日期函数*/
{
    int key ;
    char ch;
    /*默认显示当前系统日期和星期*/
    time( &now) ;/*取得现在的日期时间*/
    tm * tnow = localtime( &now) ;
    currentYear = tnow -> tm_year + 1900;
    currentMonth = tnow -> tm_mon + 1;
    currentDay = tnow -> tm_mday ;
    showCalendar( currentYear,currentMonth,currentDay) ;
    while( 1)
    {
        /*获取键值,根据键值调整日历输出*/
        if( kbhit( ))
        {
            key = getch( );
            /*右移键,增加月份*/
            if( key == RIGHT)
            {
                /*月份值在 1~12 之间,则直接加 1*/
```

```
            if( currentMonth < 12 && currentMonth > = 1 )
            {
                currentMonth ++ ;
            }
            /* 如果月份为 12,则加 1 后进位,即年份加 1,月份变为 1 */
            else
            {
                currentYear ++ ;
                currentMonth = 1 ;
            }
        }
        /* 左移键,减少月份 */
        if( key == LEFT)
        {
            /* 月份值在 1 ~ 12 之间,则直接减 1 */
            if( currentMonth <= 12 && currentMonth >1)
            {
                currentMonth -- ;
            }
            /* 如果月份为 1,则减 1 后,到上一年,月份变为 12 */
            else
            {
                currentYear -- ;
                currentMonth = 12 ;
            }
        }
        /* 上移键,增加年份 */
        if( key == UP)
        {
            currentYear ++ ;
        }
        /* 下移键,减少年份 */
        if( key == DOWN)
        {
            currentYear -- ;
        }
        /* 上移键,减少天数 */
        if( key== PAGEUP)
        {
            /* 当前日不是该月的第一天,则天数直接减 1 */
```

```
    if( currentDay! = 1 )
    {
        currentDay-- ;
    }
    /* 当前日是该月的第一天,并且是该年的第一个月(即1月1日),
    则天数减1后,变为上一年的最后一个月的最后一天(即12月31
    日)*/
    else if( currentDay== 1 && currentMonth = = 1 )
    {
        currentYear-- ;
        currentMonth = 12 ;
        currentDay = 31 ;
    }
    /* 当前日是该年中某一个月的最后一天,则天数减1后,
    变为上个月的最后一天 */
    else
    {
        currentMonth-- ;
        currentDay = n_lastMon ;
    }
}
/* 下移键,增加天数 */
if( key== PAGEDOWN )
{
    /* 当前日不是该月的最后一天,则天数直接加1 */
    if( n_currentMon!   = currentDay )
    {
        currentDay ++ ;
    }
    /* 当前日是该年的最后一天(即12月31日),则天数加1后,
    变为下一年的第一个月的第一天(即1月1日)*/
    else if( n_currentMon== currentDay && currentMonth== 12 )
    {
        currentYear ++ ;
        currentMonth = 1 ;
        currentDay = 1 ;
    }
    /* 当前日是该年中某一个月的最后一天,则天数加1后,
    变为下个月的第一天 */
    else
```

```
                    {
                            currentMonth ++ ;
                            currentDay = 1 ;
                    }
            }
            /* Q 或者 q 键,表示查询指定日期的星期 */
            if( key== ALOWER || key== AUPPER )
            {
                    {
                            time( &now ) ; /* 取得现在的日期时间 */
                            tm *  tnow = localtime( &now ) ;
                            printf( " Input date ( eg, % d - % d - % d ) :" , tnow -> tm_year +
1900 , tnow -> tm_mon  + 1 , tnow -> tm_mday ) ;
                            scanf ( "% d - % d - % d" , &currentYear, &currentMonth,
                            &currentDay ) ;
                            checkDate( ) ;
                    }
            }

            /* 空格键,重置到系统日期 */
            if( key== SPACE )
            {
                time( &now ) ; /* 取得现在的日期时间 */
                tm *  tnow = localtime( &now ) ;
                currentYear = tnow -> tm_year  + 1900 ;
                currentMonth = tnow -> tm_mon  + 1 ;
                currentDay = tnow -> tm_mday ;
            }
            /* Esc 键退出系统 */
            if( key== ESC )
            {
                printf( " Do you really want to quit?（Y/N）" ) ;
                ch = getchar( ) ;
                if( ch== 'y' || ch== 'Y' )
                        break ;
            }

            showCalendar( currentYear, currentMonth, currentDay ) ;
        }
    }
}
```

```
void showCalendar(int year,int month,int day)  /* 显示日历函数 */
{
    int i;
    int j;
    /* 输出的日期 */
    int outDay;
    int leapFlag;
    /* 本月第一个星期中,在上月的天数 */
    int dayLastMon;
    int week;
    /* 该数组用于保存每个月的天数 */
    int a[13] = {0,31,28,31,30,31,30,31,31,30,31,30,31};
    outDay = 0;
    dayLastMon = 0;
    week = 0;
    /* 判断给定年份是否是闰年 */
    leapFlag = isLeapyear(year);
    /* 如果是闰年则 2 月应该是 29 天 */
    if(leapFlag==1)
    {
        a[2]++;
    }
    /* 如果给定的日期中,天数大于该月的最大天数 */
    if(day > a[month])
    {
        printf("The number of this month's day is %d at most!\n",a[month]);
        printf("Press any key to continue……\n");
        getchar();
        getchar();
        /* 以当前系统时间重新赋值 */
        time(&now);  /* 取得现在的日期时间 */
        tm * tnow = localtime(&now);
        currentYear = tnow -> tm_year + 1900;
        currentMonth = tnow -> tm_mon + 1;
        currentDay = tnow -> tm_mday;
        year = tnow -> tm_year + 1900;
        month = tnow -> tm_mon + 1;
        day = tnow -> tm_mday;
    }
    /* 当前月的天数 */
```

```
        n_currentMon = a[ month ];
        /*上一月的天数*/
        n_lastMon = a[ month − 1 ];
        /*根据给定日期,获取给定月份1号的星期*/
        week = dayLastMon = getWeek( year,month,1 );
        /*清除文本模式窗口*/
        system( "cls" );
        printf( "\nThe calendar of %d",year);
        /*显示给定年份是否是闰年*/
        if( leapFlag==1 )
            cprintf( " [ leap year ]",year);
        if( leapFlag==0 )
            cprintf( " [ not leap year ]",year);
        printf( "\n" );
        printSeparator( );
        /*输出月份提示,1~12分别表示1月到12月*/
        switch( month )
        {
        case 1 :
            cprintf( " January 1 " );
            break ;
        case 2 :
            cprintf( " February 2 " );
            break ;
        case 3 :
            cprintf( " March 3 " );
            break ;
        case 4 :
            cprintf( " April 4 " );
            break ;
        case 5 :
            cprintf( " May 5 " );
            break ;
        case 6 :
            cprintf( " June 6 " );
            break ;
        case 7 :
            cprintf( " July 7 " );
            break ;
        case 8 :
```

```
            cprintf(" August 8 ");
            break ;
        case 9 :
            cprintf(" September 9 ");
            break ;
        case 10 :
            cprintf(" October 10 ");
            break ;
        case 11 :
            cprintf(" Nevember 11 ");
            break ;
        case 12 :
            cprintf(" December 12");
            break ;
    }
    printf(" \n\n");
    cprintf(" Sun Mon Tue Wed Thu Fri Sat");
    printf(" \n\n");
    /* 因为一个月中最多跨度 6 个星期,所以循环从 0 到 5 */
    for( i = 0 ; i < 6 ; i ++ )
    {
        /* 如果是该月的第一个星期 */
        if( i==0)
        {
        /* 本月第一个星期中还有 7 - dayLastMon 天,有 dayLastMon 天在上个月,
        所以输出 dayLastMon * 4 个空格符,每个日期在日历中占用 4 个空格 */
            printSpace( dayLastMon * 4);
            /* 剩余在本月的第一个星期中的天数为 7 - dayLastMon */
            for( j = 0 ; j < 7 - dayLastMon ; j ++ )
            {
                /* 到达 day 的前一天时,输出 ++ outDay */
                if( outDay== day - 1)
                {
                    cprintf(" [ % d]", ++ outDay);
                }
                /* 到达 day 当天时,并且不是星期天 */
                else if( outDay== day && week！ =0)
                {
                    printf("% 3d", ++ outDay);
                }
```

```
            / * 到达 day 当天时,并且是星期天 * /
            else
            {
                printf("%4d", ++ outDay);
            }
            / * 计算当天的星期,如果前一天是星期六(6),则当天是星期天(0),
            其他情况则直接星期加 1 * /
            week = (week < 6)? week + 1:0;
        }
        printf("\n\n");
    }
    / * 如果不是该月的第一个星期 * /
    else
    {
        / * 则输出该星期中的 7 天 * /
        for(j = 0;j < 7;j ++ )
        {
            / * 输出的天数小于该月的最大天数 * /
            if(outDay < a[ month ])
            {
                / * 到达 day 的前一天时,输出 ++ outDay * /
                if(outDay== day - 1)
                {
                    / * 输出一位数字 * /
                    if(outDay < 9)
                    {
                        cprintf(" [ % d]", ++ outDay);
                    }
                    / * 输出两位数字 * /
                    else
                    {
                        cprintf(" [ %2d]", ++ outDay);
                    }
                }
                / * 到达 day 当天时,并且不是星期天 * /
                else if(outDay== day && week! =0)
                {
                    printf("%3d", ++ outDay);
                }
                / * 到达 day 当天时,并且是星期天 * /
```

```
                    else
                    {
                        printf("%4d", ++outDay);
                    }
                }
                /*计算当天星期*/
                week = (week<6)? week+1:0;
            }
            printf("\n\n");
            if(outDay==a[month]) break;
        }
    }
    /*输出分隔线*/
    printSeparator();
    /*输出当前选择的日期和星期*/
    printf("The day you choose is:\n\n");
    printWeek();
    gotoxy(1,23);
    printf("--------------------- \n");
    time(&now); /*取得现在的日期时间*/
    tm * tnow = localtime(&now);
    /*输出系统日期和星期*/
    printf("\nToday is: %d-%d-%d", tnow->tm_year +1900, tnow->tm_mon +
1, tnow->tm_mday);
    printWeek2(getWeek(tnow->tm_year +1900, tnow->tm_mon +1, tnow->tm_
mday));
    printf("\n\n");
    /*显示按键操作*/
    printUsage();
    gotoxy(1,25);
}

void gotoxy(int x,int y)/*定位坐标*/
{
    COORD coord;
    coord. X = x;
    coord. Y = y;
    SetConsoleCursorPosition(GetStdHandle(STD_OUTPUT_HANDLE),coord);
}
```

```
void checkDate()/* 检查日期有效性函数 */
{
    /* 如果给定的日期中年份部分为负数或者0 */
    if( currentYear <=0)
    {
        gotoxy(1,27);
        printf("The year should be a positive number !\n");
        gotoxy(1,28);
        printf("Press any key to continue……");
        getchar();
        getchar();
        /* 以当前系统时间重新赋值 */
        time(&now); /* 取得现在的日期时间 */
        tm * tnow = localtime(&now);
        currentYear = tnow -> tm_year + 1900;
        currentMonth = tnow -> tm_mon + 1;
        currentDay = tnow -> tm_mday;
    }
    /* 如果给定的日期中月份部分为负数,为0或者大于12 */
    if( currentMonth > 12 || currentMonth <1)
    {
        gotoxy(1,27);
        printf("The month should be a number between 1 and 12 !\n");
        gotoxy(1,28);
        printf("Press any key to continue……");
        getchar();
        getchar();
        /* 以当前系统时间重新赋值 */
        time(&now); /* 取得现在的日期时间 */
        tm * tnow = localtime(&now);
        currentYear = tnow -> tm_year + 1900;
        currentMonth = tnow -> tm_mon + 1;
        currentDay = tnow -> tm_mday;
    }
    /* 如果给定的日期中天数部分为负数,为0或者大于31 */
    if( currentDay > 31 || currentDay <1)
    {
        gotoxy(1,27);
        printf("The day should be a number between 1 and 31 !\n");
        gotoxy(1,28);
```

```
        printf("Press any key to continue……");
        getchar();
        getchar();
        /* 以当前系统时间重新赋值 */
        time(&now); /* 取得现在的日期时间 */
        tm * tnow = localtime(&now);
        currentYear = tnow -> tm_year + 1900;
        currentMonth = tnow -> tm_mon + 1;
        currentDay = tnow -> tm_mday;
    }
}


int isLeapyear(int year) /* 判断是否是闰年函数 */
{
    /* 闰年的判断:(1)year 被 4 整除,并且 year 不被 100 整除
    或(2)year 被 4 整除,并且 year 被 400 整除 */
    if(year%4==0&&year%100 || year%400==0)
        return 1;
    else
        return 0;
}


int getWeek(int year,int month,int day) /* 根据给定日期计算星期函数 */
{
    int leapFlag;
    int week;
    int i;
    /* 该数组用于保存每个月的天数 */
    int a[13] = {0,31,28,31,30,31,30,31,31,30,31,30,31};
    int count =0;
    /* 判断给定年份是否是闰年 */
    leapFlag = isLeapyear(year);
    /* 如果是闰年则 2 月份的日期应该 29 天 */
    if(leapFlag==1)
        a[2]++;
    /* 计算从给定年份的 1 月 1 日到给定月份的 1 号之间的天数 */

    for(i =1;i < month;i++)
    {
        count + = a[i];
```

```
        }
        / * 计算从给定年份的 1 月 1 日到给定日期之间的天数 * /
        count + = day ;
        / * 计算星期 * /
        week = ( year + 1 + ( year − 1 )/4 + ( year − 1 )/100 + ( year − 1 )/400 + count )%7 ;
        return week ;
}


void printSpace( int n )  / * 输出指定个数个空格函数 * /
{
        int i ;
        for( i = 0 ; i < n ; i ++ )
                printf( " " ) ;
}


void printSeparator( )  / * 输出分隔线函数 * /
{
        int i ;
        for( i = 0 ; i < 38 ; i ++ )
        {
                printf( " = " ) ;
        }
        printf( " \n" ) ;
}


void printUsage( )  / * 输出使用方法函数 * /
{
        gotoxy( 45 , 3 ) ;
        / * 送格式化输出至屏幕 * /
        cprintf( " ----------- Usage----------- " ) ;
        gotoxy( 45 , 5 ) ;
        cprintf( "YEAR" ) ;
        gotoxy( 50 , 5 ) ;
        printf( "  Up key( ) to increase; \n" ) ;
        gotoxy( 50 , 7 ) ;
        printf( "  Down key( ) to decrease. \n" ) ;
        gotoxy( 45 , 9 ) ;
        cprintf( "MONTH:" ) ;
        gotoxy( 50 , 9 ) ;
        printf( "  Right key( ) to increase; \n" ) ;
```

```
    gotoxy(50,11);
    printf("    Left key( ) to decrease. \n");
    gotoxy(45,13);
    cprintf("DAY");
    gotoxy(50,13);
    printf("    PageDown key to increase; \n");
    gotoxy(50,15);
    printf("    PageUp key to decrease. \n");
    gotoxy(45,17);
    cprintf("QUERY");
    gotoxy(50,17);
    printf("    A/a key\n");
    gotoxy(45,19);
    cprintf("RESET");
    gotoxy(50,19);
    printf("    SPACE key. \n");
    gotoxy(45,21);
    cprintf("EXIT");
    gotoxy(50,21);
    printf("    Esc key\n");
    gotoxy(61,11);
}


void printWeek()/* 根据系统日期输出星期函数 */
{
    int day;
    /* 根据系统日期获得星期 */
    day = getWeek(currentYear,currentMonth,currentDay);
    /* 输出星期,0 表示星期天,1 表示星期一,……,6 表示星期六 */
    if(day==0)
        cprintf("% d - % d - % d,Sunday!",currentYear,currentMonth,currentDay);
    if(day==1)
        cprintf("% d - % d - % d,Monday!",currentYear,currentMonth,currentDay);
    if(day==2)
        cprintf("% d - % d - % d,Tuesday!",currentYear,currentMonth,currentDay);
    if(day==3)
        cprintf("% d - % d - % d,Wednesday!",currentYear,currentMonth,currentDay);
    if(day==4)
        cprintf("% d - % d - % d,Thursday!",currentYear,currentMonth,currentDay);
    if(day==5)
```

```
            cprintf("%d-%d-%d,Friday!",currentYear,currentMonth,currentDay);
        if(day==6)
            cprintf("%d-%d-%d,Saturday!",currentYear,currentMonth,currentDay);
}


void printWeek2(int week)  /*输出指定星期函数*/
{
    if(week==0)
        cprintf(",Sunday");
    if(week==1)
        cprintf(",Monday");
    if(week==2)
        cprintf(",Tuesday");
    if(week==3)
        cprintf(",Wendesday");
    if(week==4)
        cprintf(",Thursday");
    if(week==5)
        cprintf(",Friday");
    if(week==6)
        cprintf(",Staturday");
}
```

至此所有代码输入工作完成。

步骤5　程序调试。

单击 Visual C ++ 6.0 环境下的工具条中的快捷执行按钮 ! 或使用快捷键"Ctrl ＋ F5"执行程序,程序执行结果如图 3.72 所示。可通过键盘输入来操作日历,或按"Esc"键退出。

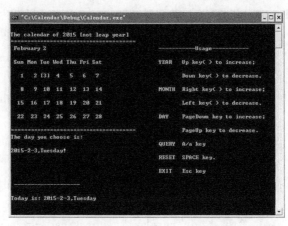

图 3.72

3.9　实例9　下雪动画程序

本实例的内容是设计一个下雪动画程序,要求模拟雪花落下时的动画,通过随机函数确定雪花的位置,并确定雪花下落的速度;程序运行通过键盘控制,通过键盘来增加和降低雪花速度,并通过键盘增加和减少雪花量,通过键盘"Esc"键退出。下雪动画程序可采用基于Win32控制台的程序构建,下面对这种方法进行详细介绍。

3.9.1　设计目的

1. 掌握二维数组的使用方法;
2. 熟练掌握C语言图形函数库的使用;
3. 熟悉C语言时间函数和随机函数的使用;
4. 掌握C语言控制台程序中键盘的操作及键码值;
5. 熟悉函数的设计及调用。

3.9.2　基本要求

1. 可以模拟实际雪花的下落过程;
2. 对键盘输入进行响应,可动态地增加或降低下雪速度,还可以增加或减少雪花量;
3. 编写好的下雪动画程序运行后,应实现类似图3.73的功能界面。

图3.73

3.9.3 设计结构及算法分析

在进行程序设计时,选择一种合理的数据存储结构是非常关键的。根据题目要求,本实例采用二维数组来存放界面中的雪花坐标。

1. 存储结构

采用二维数组来存储输出界面中的雪花坐标、雪花速度等参数,定义如下:

int Snow[2000][3],speed,large,maxx,maxy;

int pre_x,pre_y,i,j;

int key,rad;

int unused;

2. main()主函数

本程序采用模块化设计,功能放在各模块函数中实现。主函数是程序的入口,在其中对图形系统进行初始化,之后依次调用各功能函数。

3. keyhandle()函数 ——键盘控制

略。

4. Init()函数 ——初始化

此函数用来初始化图形系统并获得输出界面尺寸,同时对参数进行初始化操作。

5. Close()函数 —— 关闭图形系统

略。

6. SnowDown()函数 ——下雪函数

此函数用来循环确定下一个雪花坐标点,同时用黑色擦除前一个雪花坐标点。

3.9.4 程序执行流程图

整个程序执行的流程如图3.74所示。

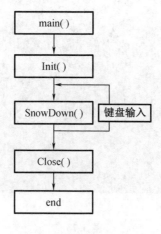

图3.74

3.9.5 基于 Win32 控制台的 C 语言程序设计详细步骤

步骤 1 建立一个工程。

在 Visual C++6.0 的集成开发环境下,单击"File"(文件)菜单项,然后选择其子菜单项"New"(新建),如图 3.75 所示。

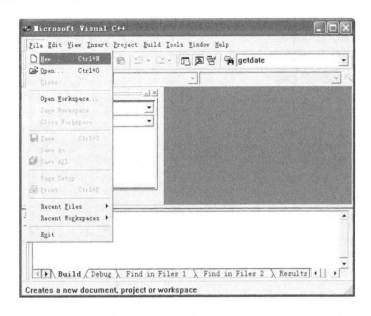

图 3.75

屏幕上会弹出"New"(新建)对话框,如图 3.76 所示。单击对话框上方的"Projects"(工程)选项卡,在其下方列表中选择"Win32 Console Application"选项,在右侧的"Project name"(工程名)文本框中输入工程名"Snow",在"Location"(目录)文本框中输入工程文件存放的目录"C:\Snow",然后单击"OK"按钮。

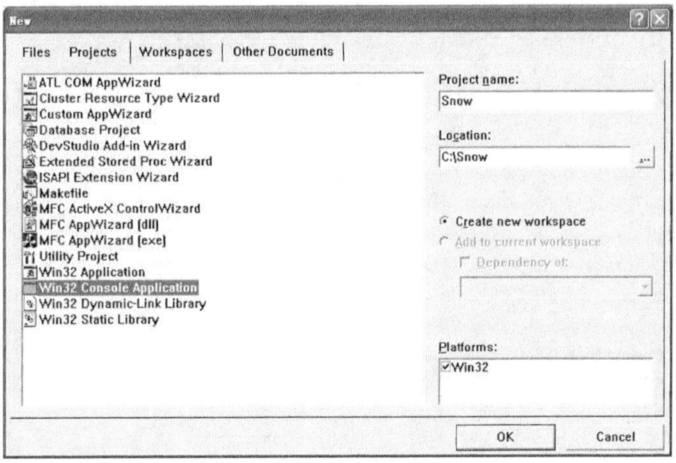

图 3.76

单击"OK"按钮后，会弹出如图 3.77 所示的界面，为了方便编程，选择"A simple application"选项，然后单击"Finish"按钮。

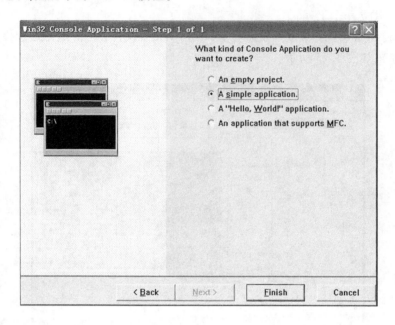

图 3.77

单击"Finish"按钮后，会弹出如图 3.78 所示的界面，界面中包含了建立的工程文件的头文件及路径等信息。

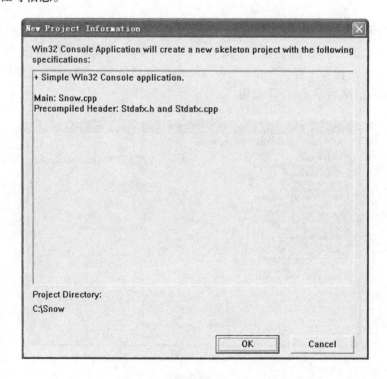

图 3.78

单击"OK"按钮,则进入了一个简单的 C 语言 Win32 控制台程序的集成开发界面,如图 3.79所示。

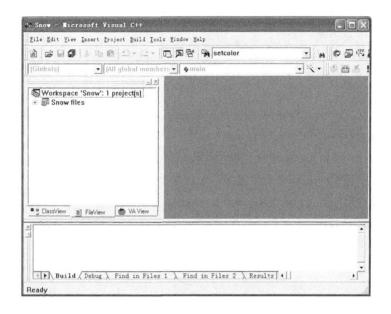

图 3.79

左侧窗口为工程管理窗口,选择"FileView"选项卡,通过点击" + "可打开工程的文件目录列表,工程的很多操作都需要通过此窗口进行。通过双击列表中的"Snow. cpp"文件名,可在中央的编辑窗口中打开该文件,如图 3.80 所示。此文件中只包含一个主函数 main( )框架。

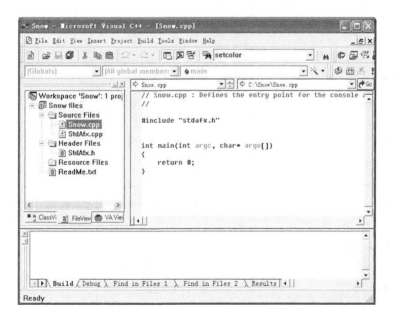

图 3.80

步骤2 在打开的"Snow. cpp"文件的上部,添加程序头文件和预定义。

```c
#include <graphics. h>
#include <conio. h>
#include <stdio. h>
#include <time. h>
#define UP     72    /* 提高速度 */
#define DOWN 80    /* 降低速度 */
#define LEFT   75    /* 减少雪量 */
#define RIGHT 77    /* 增加雪量 */
#define ESC    27    /* Esc 键：退出系统 */
```

步骤3 在主函数上面添加函数定义、变量定义,代码如下:

```c
int Snow[2000][3], speed, large, maxx, maxy;
int pre_x, pre_y, i, j;
int key, rad;
int unused;
void Init();
void Close();
void keyhandle(int key);
void SnowDown();
```

步骤4 添加主函数 main() 的实现部分及其他功能函数,代码如下:

```c
int main(int argc, char * argv[])/* 主函数 */
{
    Init();
    SnowDown();
    Close();
    return 0;
}


void Init()                              /* 初始化函数 */
{
    int driver, mode = 0;
    initgraph(&driver, &mode, "");  /* 初始化图形系统 */
    maxx = getmaxx();
    maxy = getmaxy();
    speed = 50;                          //雪落下的速度
    large = 700;                         //雪的密度
}


void SnowDown()                        /* 下雪函数 */
{
```

```
for( i = 0 ; i < 1000 ; i ++ )
{
    srand( ( unsigned )time( NULL ) ) ;      //调用随机函数
    Snow[ i ][ 0 ] = rand( )% maxx ;         //雪花的横坐标
    Snow[ i ][ 1 ] = rand( )% maxy ;         //雪花的纵坐标
    Snow[ i ][ 2 ] = rand( )% speed + rad ;  //雪花的落下速度
}
while( 1 )
{
    if( kbhit( ) )
    {
        key = getch( ) ;
        keyhandle( key ) ;
    }

    for( i = 0 ; i < large ; i ++ )
    {
        pre_x = Snow[ i ][ 0 ] ;
        pre_y = Snow[ i ][ 1 ] ;
        Snow[ i ][ 1 ] = Snow[ i ][ 1 ]  + Snow[ i ][ 2 ] ;
        if( Snow[ i ][ 1 ]  > maxy || Snow[ i ][ 1 ]  >large )
        {

            putpixel( pre_x, pre_y,RGB( 0, 0, 0 ) ) ;//清除上一次雪花
            //srand( ( unsigned )time( NULL ) ) ;
            Snow[ i ][ 1 ] = - 1 ;
            Snow[ i ][ 2 ]  =   rand( )% speed + rad ;
            Snow[ i ][ 0 ]  =   rand( )% maxx ;
            pre_x = - 1 ;
            pre_y = - 1 ;
            putpixel( Snow[ i ][ 0 ], Snow[ i ][ 1 ], RGB( 255, 255, 255 ) ) ;
            //画雪花点
        }
        else
        {

            putpixel( pre_x, pre_y,RGB( 0, 0, 0 ) ) ;//清除上一次雪花
            putpixel( Snow[ i ][ 0 ], Snow[ i ][ 1 ], RGB( 255, 255, 255 ) ) ;
            //画雪花点

        }
```

```
            }
        }
    }

    void keyhandle(int key)    /*键盘控制*/
    {
        switch(key)
        {
        case UP: rad += 5;
            break;
        case DOWN: rad -= 5;
            break;
        case LEFT:   large -= 50;
            break;
        case RIGHT: large += 50;
            break;
        case ESC: exit(0);
            break;
        }
        return ;
    }

    void Close()/*关闭图形系统*/
    {
        getch();
        closegraph();
    }
```

至此所有代码输入工作完成。

步骤5　程序调试

单击 Visual C ++ 6.0 环境下的工具条中的快捷执行按钮 ❗ 或使用快捷"Ctrl + F5"执行程序，程序执行结果如图 3.81 所示。可通过键盘输入来操作下雪动画的雪量和下雪速度，或按"Esc"键退出。

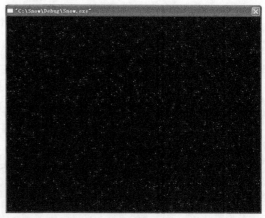

图 3.81

3.10　实例10　销售管理系统

本实例的内容是设计一个销售管理系统程序,要求实现销售管理信息的录入,并具有添加、查询、删除、显示等功能;使用结构体实现对货品信息的存储;使用链表来实现货品信息的添加、删除、查询及显示等操作;可实现文件读写,在货品信息录入结束之后,可存入文件中,在下次程序运行时可将文件中的记录读取到程序中。销售管理系统程序可采用基于Win32控制台的程序构建,下面对这种方法进行详细介绍。

3.10.1　设计目的

1. 掌握结构体的基本工作原理和工作方式;
2. 熟悉结构体与链表结合使用的方法;
3. 熟悉C语言数据的输入与输出;
4. 掌握C语言对txt文件的读写操作;
5. 熟悉函数的设计方法及调用方法。

3.10.2　基本要求

1. 实现对货品信息的查找、添加、删除、显示等功能,每个功能模块均能实现随时从模块中退出,可以通过键盘对功能进行选择,完成一个销售管理系统的运行;
2. 使用结构体来实现对货品信息的存储;
3. 使用链表来实现对货品信息的查找、添加、删除、浏览显示;
4. 使用文件对记录进行存储,程序运行时还可以从文件中读取记录;
5. 系统设计完成后应实现类似图3.82所示的界面。

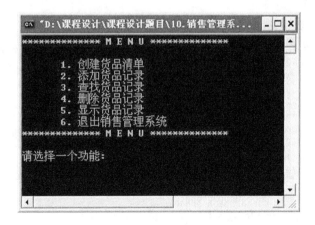

图3.82

3.10.3 设计结构及算法分析

在进行程序设计时,选择一种合理的数据存储结构是非常关键的。根据题目要求,本实例采用结构体来存放货品的信息,并采用文件存储销售管理系统中的信息。

1. 存储结构

本实例存储数据时,除了采用最常用的基本类型存储外,还采用结构体的方式来存储货品的名称、价格、数量、生产公司等信息,结构体如下所示:

```
struct stu
{
    char goods[20];      /*货品名称*/
    char price[20];      /*货品价格*/
    char amount[10];     /*货品数量*/
    char company[20];    /*货品公司*/
    struct stu *next;    /*链表节点*/
};

typedef struct stu STU;
```

2. main()主函数

本程序采用模块化设计,功能放在各模块函数中实现。主函数是程序的入口,在其中采用循环结构,根据用户的键盘输入依次调用各功能函数。

3. mycreate()函数 ——创建链表函数

此函数将用户输入的信息存储到结构体中,并建立链表结构,函数返回链表的头指针。链表建立完成后,可根据链表的头指针来添加后续指针。

4. myadd()函数 ——添加学生信息记录函数

此函数根据用户输入信息分配内存,将数据存储到结构体中,并建立新的链表节点链接到已经建立好的链表尾部。

5. mydelete()函数 ——删除链表节点

此函数根据用户输入的货品名在已有的链表中查找该货品信息存放的节点。如找到该节点,则删除该节点,并对链表结构重新链接;如未找到该货品名称的节点,则提示用户不存在。

6. mydisplay()函数 ——显示所有用户记录

此函数用来遍历所有节点,并向屏幕上输出所有节点的货品的详细信息。

7. displaymenu()函数 ——显示菜单函数

此函数向屏幕上输出用户可以选择的选项菜单,给用户提示信息,为用户的选择做出提示。

8. mysearch()函数 ——查找学生信息

此函数用来查找货品名称信息存在与否。如不存在则提示用户,如存在则返回该货品信息的链表节点。

3.10.4 程序执行流程图

整个程序的流程如图 3.83 所示。

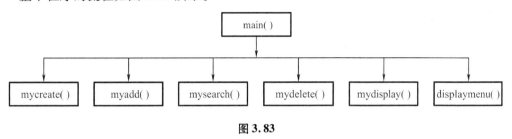

图 3.83

3.10.5 基于 Win32 控制台的 C 语言程序设计详细步骤

步骤 1 建立一个工程。

在 Visual C++6.0 的集成开发环境下,单击"File"(文件)菜单项,然后选择其子菜单项
"New"(新建),如图 3.84 所示。

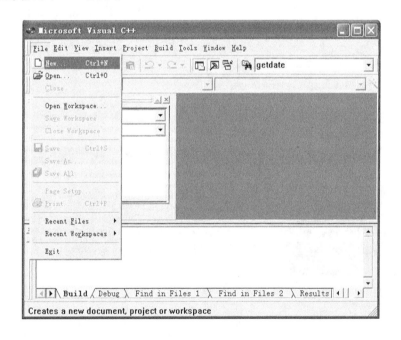

图 3.84

屏幕上会弹出"New"(新建)对话框,如图 3.85 所示。单击对话框上方的"Projects"(工
程)选项卡,在其下方列表中选择"Win32 Console Application"选项,在右侧的"Project name"
(工程名)文本框中输入工程名"Goods",在"Location"(目录)文本框中输入工程文件存放
的目录"C:\Goods",然后单击"OK"按钮。

单击"OK"按钮后,会弹出如图 3.86 所示的界面,为了方便编程,选择"A simple
application"选项,然后单击"Finish"按钮。

单击"Finish"铵钮后,弹出如图 3.87 所示的界面,界面中包含了建立的工程文件的头

文件及路径等信息。

单击"OK"按钮，则进入了一个简单的 C 语言 Win32 控制台程序的集成开发界面，如图3.88所示。

左侧窗口为工程管理窗口，选择"FileView"选项卡，通过点击" + "可打开工程的文件目录列表，工程的很多操作都需要通过此窗口进行。通过双击列表中的"Goods. cpp"文件名，可在中央的编辑窗口中打开该文件，如图3.89 所示。此文件中只包含一个主函数 main( )框架。

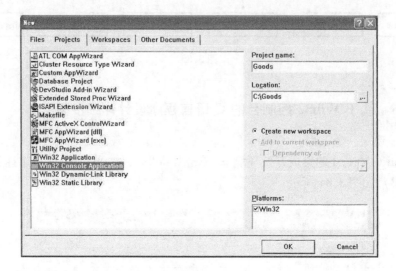

图 3.85

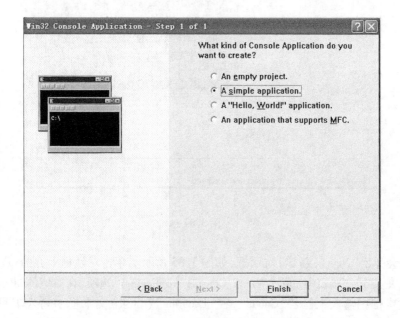

图 3.86

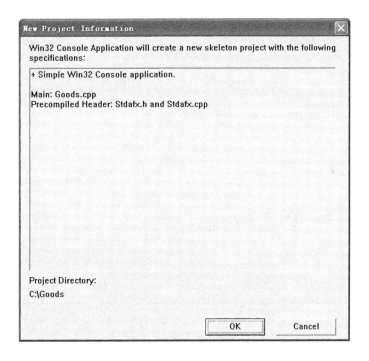

图 3.87

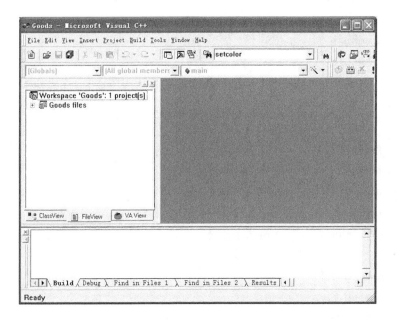

图 3.88

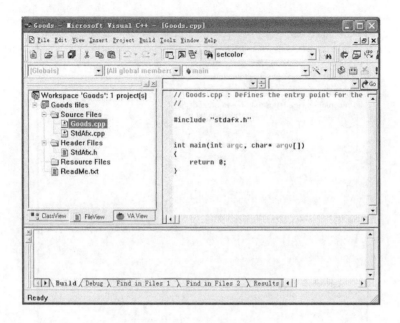

图 3.89

步骤 2　在打开的"Goods. cpp"文件的上部,添加程序头文件。

#include ＜stdio. h＞

#include ＜string. h＞

#include ＜stdlib. h＞

#include ＜conio. h＞

步骤 3　在主函数上面添加函数定义、变量定义及结构体定义,代码如下:

```
struct stu
{
    char goods[20];      /* 货品名称 */
    char price[20];      /* 货品价格 */
    char amount[10];     /* 货品数量 */
    char company[20];    /* 货品公司 */
    struct stu * next;   /* 链表节点 */
};
typedef struct stu STU;
STU * mycreate();
void mydisplay(STU * head);
void myadd(STU * head);
STU * mysearch(STU * head,char goods[20]);
void mydelete(STU * head,char goods[20]);
void displaymenu();
```

步骤 4　添加 main()函数的实现部分及其他功能函数,代码如下:

```c
int main( int argc, char * argv[ ])
{
    STU * head = NULL, * p;
    char goods[20];
    int select;
    while(1)
    {
        displaymenu( );    //显示功能菜单
        printf("请选择一个功能:");
        scanf("%d", &select);
        switch( select )
        {
        case 1:         // 创建货品链表
            //getchar( );
            head = mycreate( );
            mydisplay(head);
            break;
        case 2:         //添加货品记录
            //getchar( );
            myadd(head);
            mydisplay(head);
            break;
        case 3:         //查找货品记录
            printf("请输入要查找的货品名:");
            scanf("%s", goods);
            p = mysearch(head, goods);
            if ( p! = NULL)
                printf("%s %s %s %s ", p -> goods, p -> price, p -> amount, p ->
                    company);
            else
                printf("没找到!");
            break;
        case 4:         //删除货品记录
            printf("请输入要删除的货品名:");
            scanf("%s", &goods);
            mydelete(head, goods);
            mydisplay(head);
            break;
        case 5:         //显示货品记录
            mydisplay(head);
```

```
                    break;
            case 6:        //退出系统
                    exit(0);
            default:       //输入错误的功能选项
                    printf("选择功能错误,请重新选择。\n");
                    break;
            }    //end of switch
            printf("按任意键继续……\n");
            getch();
        }  // end of while
        return 0;
}
/***************************
功能:添加一条记录
参数:
        head:链表头指针
*************************** /
void myadd(STU  * head)
{
    STU  * p;
    p = (STU  * ) malloc(sizeof(STU));
    printf("请输入:货名 − 价格 − 剩余数量 − 生产公司\n");
    scanf("% s% s% s% s",&p −> goods,p −> price,p −> amount,p −> company);
    p −> next = head −> next;
    head −> next = p;
}
/***************************
功能:   创建链表
返回值:链表的头指针
*************************** /
STU  * mycreate( )
{
    STU  * head, * p, * q;
    head = (STU  * )malloc(sizeof(STU));
    q = head;
    printf("请输入:货名 − 价格 − 剩余数量 − 生产公司\n");
    p = (STU  * ) malloc(sizeof(STU));
    scanf("% s% s% s% s",p −> goods,p −> price,p −> amount,p −> company);
```

```
        q -> next = p;
        q = p;
        q -> next = NULL;
        return head;
}
/****************************
功能:删除一条记录
参数:
        head:链表头指针;
        goods:要删除的货品名称
**************************** /
void mydelete(STU * head, char goods[20])
{
        STU * p, * q;
        q = head;
        p = head -> next;
        while(p! = NULL)
        {
                if(strcmp(p -> goods, goods)== 0)
                {
                        q -> next = p -> next;
                        free(p);
                        break;
                }
                q = p;
                p = p -> next;
        }
        return;
}
/****************************
功能:输出所有记录信息
参数:
        head:链表头指针
**************************** /
void mydisplay(STU * head)
{
        STU * p;
        p = head -> next;
```

```
    while(p! = NULL)
    {
        printf("货名:%s 价格:%s 剩余数量:%s 生产公司:%s\n",p -> goods,p ->
        price,p -> amount,p -> company);
        p = p -> next;
    }
}

void displaymenu( )
{
    system("cls");
    printf(" ************* M E N U************* \n\n");
    printf("          1.创建货品清单\n");
    printf("          2.添加货品记录\n");
    printf("          3.查找货品记录\n");
    printf("          4.删除货品记录\n");
    printf("          5.显示货品记录\n");
    printf("          6.退出销售管理系统\n");
    printf(" ************* M E N U************* \n\n");
}
/**************************
功能:查找一个货品
参数:
        head:链表头指针
      goods:要查找的货品名称
返回值:指向该货品的指针
************************** /
STU * mysearch(STU * head,char goods[20])
{
    STU *p;
    p = head -> next;
    while(p! = NULL)
    {
        if(strcmp(p -> goods,goods)==0)
            break;
        p = p -> next;
    }
    return p;
}
```
172

步骤5 程序调试。

单击 Visual C ++ 6.0 环境下的工具条中的快捷执行按钮 ❗ 或使用快捷键"Ctrl ＋ F5"执行程序,按照提示菜单输入选择键就可以进行相应操作。程序执行结果如图 3.90 所示。

图 3.90

参 考 文 献

[1] 李丹程,刘莹,那俊. C 语言程序设计案例实践[M]. 2 版. 北京:清华大学出版社,2009.

[2] 徐英慧. C 语言习题、实验指导及课程设计[M]. 北京:清华大学出版社,2010.

[3] 常晋义. C 语言实验与课程设计指导[M]. 南京:南京大学出版社,2010.

[4] 薛纪文. C 语言程序设计实践教程[M]. 北京:北京邮电大学出版社,2010.

[5] 谭浩强. C 语言程序设计[M]. 3 版. 北京:清华大学出版社,2009.

[6] 计算机职业教育联盟. Visual C ++ 程序设计基础教程[M]. 北京:清华大学出版社,2003.

[7] 杨旗. Visual Basic 上机实验及实训教程[M]. 哈尔滨:哈尔滨工程大学出版社,2013.